しじま《静寂》に生きる野生動物たち

東アジアの自然の中で

今泉忠明……著

図説❖中国文化百華 005

農文協

しじま《静寂》に生きる野生動物たち

東アジアの自然の中で

目次

デザイン　田内　秀

ジャイアントパンダ

フーロックテナガザル

熱帯・亜熱帯の常緑広葉樹林に棲む。長い腕を利用し、枝から枝へ敏捷に移る。その数は近年急激に減少している。

スローロリス

熱帯林に棲息する。四肢のどれかで常に枝にしがみついているため跳躍ができない。時に1時間でも体を動かさずにいられる。

キンシコウ

孫悟空のモデルともいわれる美しいサル。学名にある「ロクセラーヌ」は、上を向いた鼻をもつトルコの宮廷にいたロシア人娼婦の名からとったという。高山の密林に棲む。

ラクダ

ラクダは4～5日に一度、大量の水を飲むと、からだじゅうに水がゆきわたり、長時間の旅に耐えられる。

フタコブラクダは、夏は暑さを避けて標高の高い山岳地帯へ移動し、冬になると砂漠に戻ってくる。

モウコノロバ

モウコノロバは中国西北部と内蒙古の荒漠とした草原に棲む。たえず水分を求めて移動し、危険を察知すると、時速70キロメートルの速さで逃げるという。

アジアゾウ

現在アジアに産する象は、熱帯の原始林に棲むアジアゾウ一種だけだ。知能が高く穏やかな性格でよく人に馴れる。生息地域の開発や狩猟などで19世紀以降、減少の一途をたどっている。

ハルピン
瀋陽
北京
天津
原
済南
鄭州
南京
上海
武漢
長沙
福州
台北
広州
懶猴（ロリス）
金絲猴（キンシコウ）
熊猴（ベニガオザル）
棕熊（ヒグマ）
紫貂（クロテン）
高鼻羚羊（サイガ）
塔尓羊（ヒマラヤタール）
黒鹿（マエガミホエジカ）
白鱀豚（ヨウスコウカワイルカ）
大熊猫（ジャイアントパンダ）
狼獾（クズリ）
雪豹（ユキヒョウ）
亜洲象（アジアゾウ）
野驢（モウコノロバ）
野駱駝（ラクダ）
台湾猴（タイワンザル）
東北虎（シベリアトラ）
華南虎（アモイトラ）
雲豹（ウンピョウ）
豹（ヒョウ）
蔵羚（チルー）
梅花鹿（ハナジカ）
白唇鹿（クチジロジカ）
馴鹿（トナカイ）
豚尾猴（ブタオザル）

中国の動物地理区分図
ウルムチ
蘭州
ラサ
成都
昆明
亜寒帯林
冷温帯
暖温帯
高原
亜熱帯

契丹人引馬図（模写）　遼　高144cm　幅207cm　昭烏達盟アオハン旗白塔子遼墓壁画　一人の契丹族が栗毛馬を引く。遼代契丹族の風俗、服飾、馬具などのようすがよくわかる。

銀　牡鹿　戦国　高8.5cm　長10cm　陝西省神木県納林高兎村出土　2400年前の作。見慣れた動物を美しい形状にまとめている。

銀　虎　戦国　高7cm　長11cm　陝西省神木県納林高兎村出土　どう猛さをあらわしたトラ。匈奴の作といわれる。

1号墓T字形帛画（部分）漢　湖南省長沙市馬王堆漢墓　湖南省博物館蔵　墓主の帛画に描かれたヒョウ。

金銅臥豹　漢　中山靖王墓出土　河北省博物館蔵　精悍なヒョウの造形は、人びとの身近にヒョウがいたあかしでもある。

青銅虎形飾り　商（殷）長43.4cm　幅13.2cm　三星堆遺跡鴨子河出土　尾を上げ両耳を立て威嚇する姿を表現している。

彩絵石彫騎馬俑　東漢　高76.5cm　河北望都2号東漢墓出土　中国歴史博物館蔵　ユーモラスな駄馬だが、力強さがにじむ。

兵馬俑坑　秦　陝西省西安市秦始皇兵馬俑博物館　兵馬俑坑の４頭立て戦車　身長は約2mの立派な体をした汗血馬である。

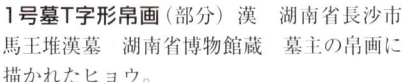

牧羊図（模写）　漢　高130.6cm　幅129.8cm　烏蘭察布盟ホリンゲル新店子漢墓壁画　犬が牧羊に、いつ頃から用いられていたか定かではないが、羊が家畜化された頃には、その関係は成立しており、それが牧羊とひとつの文化として、東西へ広まったと考えると愉快である。

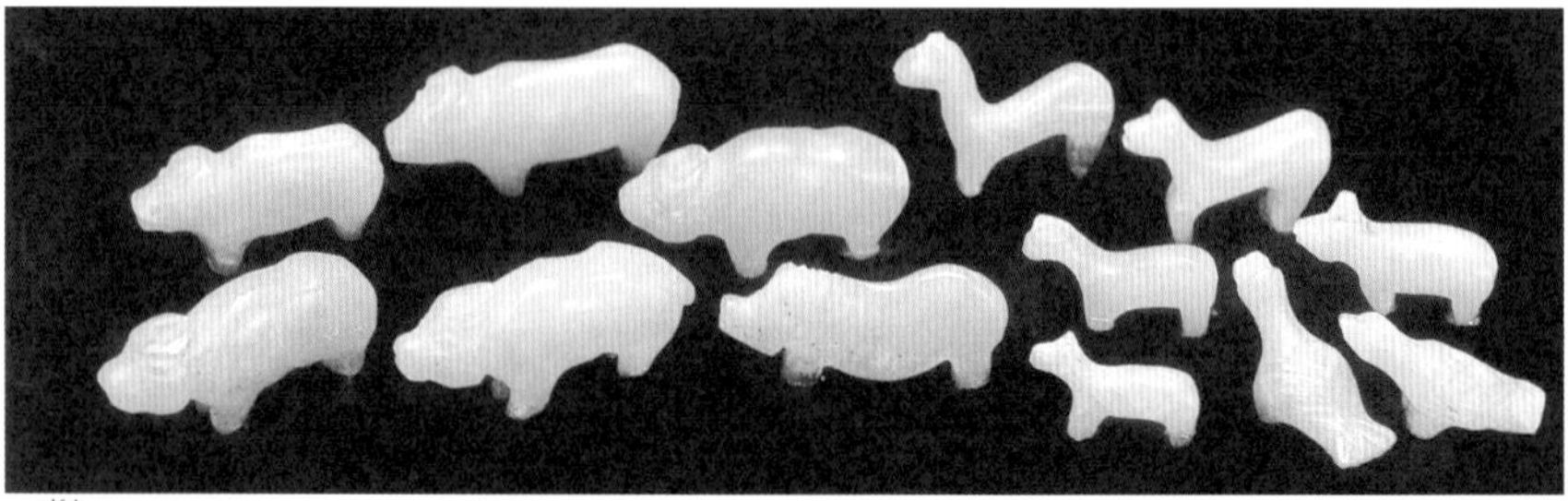

玉琀《がん》　春秋戦国　最大のものの長さ2.1cm　幅0.2cm　高さ1cm　湖北省随州市曽侯乙墓出土　古代、貴族を埋葬するときは死後も家畜に不自由しないように、死者の口に玉器を含ませる習慣があった。小さいものは米粒大の大きさ。

象牙杯　商（殷）　高30.5cm　河南省安陽市殷墟婦好墓出土　紀元前13世紀のもの。この時代には黄河周辺に象がいたのである。

楽隊を乗せた唐三彩駱駝　唐　駱駝：高48.5cm　長さ41cm　陝西省博物館蔵

熊足鼎　前漢　高18.1cm　径20cm　河北省満城県満城漢墓1号墓出土　河北省博物館蔵　この鼎は実用的な容器として使われる。それにしても愛らしいクマである。

駱駝を引く陶俑　北魏　駱駝：高17.5cm　長さ23cm　フフホト市北魏墓出土　ラクダも人物も稚拙なつくりだが、一見して異民族の俑とわかる。ラクダも然り。

青銅十五連盞灯　戦国　高82.9cm　底径26cm　重さ13.85kg　河北省中山国王墓
３頭の虎が灯座を支える燭台。樹下の２人の人物が縦間に遊ぶ８匹の猿に餌を投げる。実用と鑑賞を兼ね備えたものといえる。

羊頭形飾金具　戦国　高17.2cm　伊克昭盟ジュンガル旗大路公社出土
頭を上げ、四肢をつぼめ、すぐに駆け出しそうな構えだ。胴体は中空。北方の大草原に遊ぶ姿を想像すると楽しい。

クチジロジカ、チベット高原

クチジロシカの棲息するチベット高原は古くから牧畜がさかんだが、家畜の増加や、現金収入につながる袋角——「鹿茸」を求める密猟が後を絶たず、その数は減少している。

シベリアトラ

シベリアトラは、種・トラの中で最大にして最強だ。巨大なウシを殴り殺すヒグマを、敏捷な動きと強力な牙で仕留める。開発の影響をまともに受け棲息数が減少、黒龍江省では飼育下で繁殖させたものを自然にかえす計画が進められている。

アモイトラ

揚子江流域以南に分布するアモイトラもまた、１９５０年代から６０年代の害獣駆除キャンペーンで多く射殺されたため、その数はきわめて少ない。

虎舞祭

古来、中国では虎を百獣の王と呼んだという。守り神として崇めてきた雲南省彝族自治州の麦地沖村では、毎年旧暦一月、八日間にわたって「虎舞祭」が開かれる。祭りの起源はわからない。八人の男が全身に顔料を塗り、虎の皮に模した布をかぶり、舞い踊る。かつてはたくさんあったという踊りも、今では二種類しか残っていない。

「森林の舟」
トナカイは重要な輸送力として活躍する。雪の深い大興安嶺の森林では、この地方に暮らす人びとが野生のトナカイを馴らす。

まえがき

中国は面積約九六〇万平方キロにほぼ十三億の人間が住んでいる。面積は日本の二六倍、人口は約一〇倍である。その国土はロシアを除くとカナダ・アメリカとほぼ同じ広さを持つ。ただ、耕地面積は国土の一二・五パーセントしかなく、砂漠と砂漠化した土地が三四・六パーセント、山地が三三パーセントを占めている。

版図や統計などを考慮に入れないおおざっぱな数字ではあるが、前漢平帝つまり西暦の紀元前後には人口が五九五九万人だったと『漢書』地理志に記されている。清代乾隆帝の一七七四年には約二億二千万人、十九世紀初めには四億に達している。また、一九五七年の統計によると人口は六億五六六三万人だった。とにもかくにも、中国の大地はこれだけ多くの民を養うだけの豊かさを持っていることになる。人口の増加は国土の自然環境を大きく変える。森林の樹木を伐採して宮殿の造成に供し、田畑に変え、高原での放牧が砂漠化を進めてきた。それがやがて動物たちの生活圏を圧迫し、減少あるいは絶滅へと向かわせる。

中国には四一四種の哺乳類が棲息すると言われている。

中国の動物相の豊かさは、一つには中国の広大さにある。北方に亜寒帯針葉樹林帯が、南方には熱帯林が広がる。それだけに環境は多様で、典型的な熱帯雨林を除けば、低湿地から砂漠まであらゆる生物圏（バイオーム）を見ることができる。そこに棲息する動物もまた多種にわたる。

もう一つは、歴史の長さにある。一六四万年以上前、この地の多くは温暖で広大な草原と森林草原が広がり、各種のレイヨウ、ウマ、サイ、ダチョウなどが棲息していた。しかし、その後ヒマラヤ造山運動のあおりを受けて中国西部で急激な地盤の隆起が始まり、チベット高原が生まれるとともに、気候の変動で氷河の拡大と衰退が繰り返された。動物たちは北へ南へと彷徨し、絶滅し、また新たな種が現れ、現在の動物相に至るのである。

興味深いのは、この地殻と気候の大変動に由来する混乱の時代の動物たちが、日本の動物を形成したことである。現在の日本列島にはモグラ類、ニホンザル、ニホンカモシカなど固有種が多い。またタヌキ、キツネ、ツキノワグマ、ニホンジカなど中国との共通種や近縁種も少なくない。列島が島化したことで大陸から隔離・保存されたのである。中国の古代動物相の一部が日本列島に現存している。両者のそれを精査・比較することで動物の進化の謎を解く鍵を手に入れることができるかもしれない。

中国と日本の関係は自然界の動物だけに見られるものではない。民族自体もそうだが、生活と文化において深い関わりをもっている。本書では人間生活に密着した動物・家畜についても触れる。縄文期以降、イヌを除けば家畜はすべて、大陸、とくに中国から人と文化とともに運ばれてきたのである。

それほどの深い関係があるにも関わらず、隣国中国の自然、とくに動物に関して私たちはほとんど知識を持ち合わせていない。あるのは漢方薬などとしての、それも微かな知識である。本書が、動物を通して中国と日本の相互理解に寄与するならば幸いである。

第一章
人と共にある動物たち

孟子がいわれた。「牛山《ぎゅうざん》は以前は樹木が生い茂った美しい山であった。だが、斉の都臨淄《りんし》という大都会の郊外にあるために、大勢の人が斧や斤《まさかり》でつぎつぎと伐りたおしてしまったので、今ではもはや美しい山とはいえなくなってしまった。しかし、夜昼となく成長する生命力と雨露のうるおす恵みとによって、芽生えや蘖《ひこばえ》が生えないわけではないが、それが生えかかると人々は牛や羊を放牧するので、片はしから食われたり踏みにじられたりしてしまい、遂にあのようにすっかりツルツルの禿山となってしまったのである。」(『孟子』下・岩波文庫)

今から二三〇〇年前の話。孟子の時代にはすでに家畜による自然破壊が憂慮されていたのである。

中国では、ウマ・ウシ・ヒツジ・イヌ・ニワトリ・ブタを六畜という。

動物を家畜化するということは、動物にえさを与えなくてはならない。草食性の動物だけではなく、ブタやニワトリは雑食性である。人間が食うや食わずで動物にだけえさを与えるとは考えられないので、農耕社会がある程度成熟し作物が供給できることが条件となる。つまり家畜は人類が狩猟・採取生活から定住・農耕生活に移った一万年前以降に出現したものである。

イヌは例外で、二万年以上前、ひょっとすると三万五〇〇〇年ほど前に家畜化が行われたと言われる。日本へも九五〇〇年ほど前に縄文人が連れてきている。

イヌ以外の家畜は、各地で発掘された遺跡から紀元前八〇〇〇年にヒツジやヤギが、紀元前七〇〇〇年にウシとブタが、そして紀元前三〇〇〇年にウマやロバ、

孟子 戦国時代の思想家。孔子の孫の子思に学んだ。諸国を回って王道を説いたが入れられず、故郷・魯に帰って門人の教育につとめた。孔子の思想を継承発展させた。『孟子』は、四書の一。

最後に紀元前二〇〇〇年にネコが南西アジアからヨーロッパで家畜とされ、その後中国へ伝わったものと推定されている。

このうちブタだけは、同じころアジアイノシシから中国で独自に家畜化されたもので、ヨーロッパのブタとはまったく異なったものだとされる。近年、揚子江中流域の河姆渡遺跡から出土したイネなどの組織分析から約七〇〇〇年前と考えられる世界最古の水田遺構が発見されたが、同時に発掘されたブタ文方形鉢やブタ形土偶から中国ブタが独特のものであるとされている。

日本で飼育されている家畜は、琉球列島由来のヤギを除けば、中国から朝鮮半島経由で渡来した。西暦二九〇年ころ（弥生時代末期）に記されたといわれる中国の『魏志倭人伝』*には当時、倭（日本）には「牛馬虎豹羊鵲なし」と明記されている。また九州にイノシシ（ブタ）飼養があったことも記されている。

このような家畜の飼育は人類が長年にわたって交配を繰り返しながら、より生産性が高く経済的な種を求めて得られたものである。いかによい肉質・毛皮・乳を得られても、交配を重ねるうちに種自体の繁殖力が弱まっては家畜化はできない。繁殖力が旺盛で近縁の交配にも耐える家畜は、人類のたゆまぬ智恵でもある。しかも最近のDNAによる研究では、日本の和牛のルーツは、ホルスタインだという。人類の食へのこだわりと文化の伝播がわかる好例と言えよう。

もちろん中国と日本は家畜を通しても深い交流があったのである。

ブタ文方形鉢　新石器時代　浙江省博物館蔵

魏志倭人伝　三国時代の中国の正史『三国志』の、魏の歴史の中にある日本に関する部分の通称。3世紀ごろの日本を知る重要な史料となっている。

クロマニヨン人が家畜化した　イヌ（狗、犬）

イヌはあらゆる家畜動物のうち、もっとも古い家畜化の歴史を有する動物である。一九七四（昭和四九）年に東京大学西アジア調査団は、シリア砂漠の北方にあるドゥアラ洞穴の発掘を行ったが、このときイヌ科の動物の骨をみつけている。五万年前から一〇万年前のものである。シリア地方にはシリアオオカミとジャッカルが生息しているが、出土した骨はいずれの野生種とも異なり、家畜化されたイヌに近いものであったという。私はこの化石動物こそが現生のイヌの祖先種の可能性が高いと考えている。

現代人は、一九九九年にイタリアのパビア大学などの研究チームが発表した説によれば、約一〇万年前にクロマニョン人*の一隊が北アフリカから地中海東部へ進出し、六万年前ころアフリカ人とアジア人とに分岐し、アジア人の祖先は東へ向かって海岸沿いにインド、東南アジア、オーストラリアへと広がった。事実、オーストラリアから六万年前のクロマニョン人の遺跡が見つかっている。なぜ人々は東へ向かったのか。北へは行かなかった。そのわけは、ヨーロッパからアジアの中北部には頑健な体を持ったネアンデルタール人*が存在したからであろう。だが、クロマニョン人は南西アジアから東南アジアのどこかでイヌの家畜化に成功した。それがいつだったのかまだ明確ではないが、フィンランドの古脊椎動物学者であるB・クルテンは、イエイヌの家畜化の時期について、三万五〇〇

化石人類の発見地

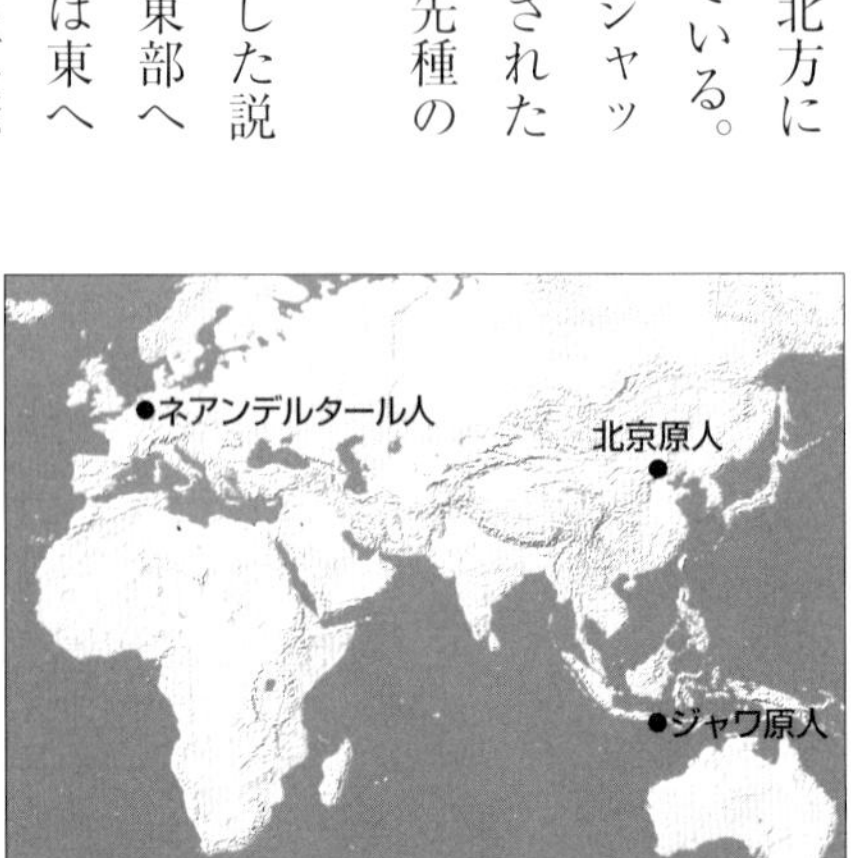

クロマニョン人　1868年、フランスのドルドーニュ県の岩陰遺跡で発見された化石人類の一。ヨーロッパの後期旧石器時代に住んでいた新人。

ネアンデルタール人　1856年ドイツのネアンデルタール谷で発見された化石人類の一。原人と新人の中間に位置する旧人の呼称。

○年ほど前、放浪を続けるクロマニヨンの部族がヨーロッパに入り込んだとき、おそらく彼らはイヌを伴っていたにちがいないと述べている。イヌを連れたクロマニョン人は、たちまちネアンデルタール人を圧倒しただろう。イヌの優れた能力を武器として、狩の成功率の高さで勝ったのである。およそ二万八〇〇〇年前、マンモスハンターだった最後のネアンデルタール人が忽然と姿を消した。現在、その地はヨーロッパ南西部のイベリア半島だったとされている。

農耕文化を手に入れるまでの間、人類が手にした最高の武器はイヌであった。以来、人類は番犬として、猟犬として、あるいは伴侶としてイヌを飼いつづけ、たくさんの品種を作り出してきたのである。イヌを知らない民族はヨーロッパ人との接触以前のオーストラリアのタスマニア人（アボリジニの一族）と、ベンガル湾東部にあるアンダマン諸島の人々だけだったといわれる。

人類とともに世界中に広がったイヌは、その地で数万年を生きつづけた。あるものは熱帯雨林で、またあるものは北極圏で暮らし、その地に適したものだけが生き延びてきた。人々は常に小規模な移動を繰り返したため、イヌもまた見知らぬ土地へ移住していった。

◎「**狡兎死して走狗（良狗）烹らる**」獲物の兎が捕らえられれば猟犬は不用となり、煮て食われる。敵国が滅べば、勲功のあった智謀の家臣は邪魔にされ殺されてしまうことをいう。（『韓非子』「内儲説・下」）

中国の　イヌ

日本生まれの中国イヌ　チン（狆）*Japanese Chin*

このイヌは「日本原産」とされる愛玩犬だが、厳密な意味でいう柴犬とか秋田犬といったいわゆる在来の日本犬と異なる。一般にペキニーズと関係があると見られているが、イギリスの愛玩犬の権威者マクラーレン・モリソン夫人は「チベットの鼻の短いスパニエルと関係があると信じている」と述べている。

わが国への最初の渡来の記録は、『続日本紀』*の「聖武天皇の時代、西暦七三二（天平四）年夏五月に新羅から蜀狗一頭献上」である。蜀は今の中国の四川省。チベットに近接した地で、蜀狗とはチンのことであると言われている。また、日本から中国（唐時代六一八年〜九〇七年）、それと渤海国（六九八年〜九二六年）に派遣された使者が、日本に持ち帰ったことが文献に記述されているように、大陸との行き来のたびに、本種が数頭ずつ日本に入った。

いつのころから現在のような姿形になったのかよく分からないが、徳川綱吉*時代（一六八〇年〜一七〇九年）には江戸城で今のようなチンが抱き犬として飼育された。各大名、豪商、名家でも飼われるようになった。江戸城においては、将軍の側近から御台所、お局、老女などなど、チンを飼わない者はほとんどないといわれたほどで、大奥*でのチンの華やかさは想像以上のものであった。またチンの名は〝様〟付けで呼ばれ、日常の食事は箸で食べさせるし、大小便は小菊の紙で始末されたと伝えられる。五代将軍徳川綱吉の代に小普請組*の藪医者に林宗久という者がいたが、この人はふとした縁から大奥の老女の飼っている回復の望みがないと言われたチンの病を快方に向かわせた。このことが綱吉の耳に入り、綱吉は宗久を「彼は狆の名医なり」と厚く賞し、早速一〇石を賜り典医格に取り立

続日本紀　六国史の一。（797年）奈良時代の文武天皇から桓武天皇までを扱った正史。

徳川綱吉　江戸幕府5代将軍。仏教を信じるあまり、「生類憐れみの令」を出し、生き物の殺生を禁じた。とくにイヌ年生まれだったため、犬を保護した。

大奥　江戸時代の徳川将軍家の夫人や側室の居所。

小普請組　江戸幕府の家臣で、3000石以下の旗本・御家人の内、役職のないものが属した組。

行楽図（部分）清　縦164.5cm　横197.0cm
瀋陽故宮博物院　清の宮廷画家の作。貴婦人たちの行楽を描いた図。当時宮廷のみで飼われ門外不出だったチンらしき犬が、貴婦人の足元でじゃれあっている。

て、後に更に優遇して大奥のチンの医者と定め、また中野の犬小屋付き医者をも仰せ付けられる身となった。一介の町医者が破格の出世をするようになったのも、チンのおかげ、というわけである。

このチンがヨーロッパに知られたのは意外に古く、一六一三年には英国人サーリス提督によって英国に持ち帰られている。一八五三年にはペリー提督*によって数頭がアメリカに持ち帰られ、その二頭がビクトリア女王*に献上されたという。

皇帝のペット　ペキニーズ *Pekingese*

この品種は中国の原産の愛玩犬で、その地に太古から生存したものであるといわれるが、その源は、おそらく西域を通過して中国に渡ったヨーロッパのスパニエル系の小型犬ではなかろうか。二千年以上も前、シルクロードを通ってはるばると中国の都へやってきたというわけだ。そして、宮廷で独特な発達を遂げ、門外不出の珍しい愛玩動物として大切に育てられ続け、皇帝の独占物となった。

イギリスにペキニーズが最初に現れたのは一八六〇年にイギリスが中国に出兵*した後のことである。北京城の宮殿に突入したイギリス兵は皇帝のペットである五頭の美しい小型犬を発見した。この略奪のとき、宮廷の人々は大急ぎで退却したため、五頭だけ残されてしまったのだ。海軍大将ロード・ヘーと海軍士官が、そのうちの二頭を捕らえ、陸軍大将ドンナーが一頭を捕らえた記録がある。ともかく、三頭はイギリスへ運ばれ、ビクトリア女王に献上された。この最後のものは美しいファウンと白の斑で、非常に小形で愛らしい。

ペリー提督　アメリカの東インド艦隊の司令官。1853年浦賀に来航して江戸幕府に大統領親書を渡した。翌年日米和親条約を締結。

ビクトリア女王　イギリス帝国全盛期の19世紀の女王。在位64年。

イギリスの中国出兵　英仏は清朝政府と天津条約を結んだが、条約交換のため北京を訪問するのを阻まれた。翌1860年大艦隊に援護された英仏公使は、天津を占領し、清軍を破って北京に入城した。

品種名は、発見された場所の名を取って、当初はペキニーズ・スパニエルとかペキン・パレス・ドッグなどと呼ばれたが、後にペキニーズに統一された。

ペキニーズの兄弟　パグ *Pug*

体毛がごく短く、小型で親しみのあるパグは、一種独特の愛玩犬であるが、顔面の黒マスク、大きくて突出した眼などは、短毛のペキニーズとパグとが非常によく似ている。ペキニーズもパグも同一の祖先から生まれたことは間違いない。このイヌは十六世紀初期に、東洋方面へ航行したオランダの東インド会社*の手によってヨーロッパへ持ち込まれた。それで当初、ダッチ・パグと呼ばれた。ブルドッグのような四角な顔で耳が切ってあり、尾は真っ直ぐであった。これが輸入されるやたちまちヨーロッパの貴婦人の間でペットとして人気を得た。その後、パグはイギリスのブリーダー*によって改良され、現在のような姿となった。

ちなみに、ブルドッグとパグはヨーロッパで同じ血族から出たものであろうと思われている。ブルドッグの作出にパグの血が入れられたようである。パグの語源は、ラテン語で「握りこぶし」を意味するパグナスだとか、中国語でいびきをかく王様を意味するパー・クゥだとかいわれているが、よく分かっていない。

食用にもされる　チャウチャウ *Chow Chow*

南京犬と呼ばれたことがある。ピンと立った耳、楔形の頭部、豊富な被毛およびキリッと背に巻き上げられた尾は、北極地方のハスキーやサモエードなどに共通する特徴である。また、全く知らない道をただ方向の感覚だけで、一〇〜二〇

東インド会社　17〜19世紀の間、アジアでのヨーロッパ諸国（特にイギリス・オランダ）の独占的特許会社。王室から特許状を得、軍事力と政治力を駆使して貿易・植民地経営にあたった。

ブリーダー　動物の種付けをする人。飼育家。

キロも離れたところから自宅へ帰りうる能力をもっている点から想像して、その祖先は北極地方のスピッツらしい。食用犬とされたことでも良く知られ、かつての中国の下層階級では、食用に供するために各所で繁殖していた。ごく若い生後五ヶ月から一〇ヶ月の間に殺し、食する。ただ、食用のためだけでなく、橇用、猟用に使われた。これが一八〇〇年代にイギリスへと持ち出され、展覧会に出陳されるやたちまち人気を呼んだ。その後改良され、現在見るような姿になった。

旧姓ライオンドッグ　シー・ズー　*Shih Tzu*

十七世紀にチベットから持ち出されたラサ・アプソに似ていたといわれるイヌを元に、北京で作り出された品種である。中国の王室で愛好された。一九三〇年、イギリスへ持ち込まれ、家庭犬として人気になった。当初はライオン・ドッグと呼ばれていた。

山羊のような　ラサ・アプソー　*Lhasa Apso*

ラサはチベットの首府である。その地で数世紀以上も前から知られており、一説には、少なくとも二〇〇〇年以上の歴史があるといわれる。〝アプソー〟と呼ばれていたが、長い体毛が、この地に飼われる小さなヤギに似ているので、「ヤギのよう」というアプソーから変化したものらしい。

チベットではごく一般的なイヌで、とくに貴族の間で人気が高かったが、外国人が手に入れるのは容易でなかった。売り買いされなかったからだ。だがこのイヌは、神聖なものとして僧院にだけ独占されていたものではなく、〝人の死後の魂が宿るイヌ"と信じられ、名誉ある人に贈られたものだったのである。これらのイヌはときどきダライ・ラマ*からかつての中国の皇帝に贈られたので、中国の都でときおりこのイヌの典型が見られたという。

一九二九年、このイヌは初めてイギリスへ渡った。チベットに数年間、駐在官として滞在したイギリス陸軍大佐のエリック・ペレー氏の夫人が持ち帰ったのである。このイヌが一九二九年十一月のレディース・ケンネル・アソシエーションの展覧会に初めて出陳された。以後、愛犬家たちが中国で手に入れて輸入するようになった。

チベット生まれの チベッタン・マスチフ *Tibetan Mastiff*

チベッタン・マスチフは、マスチフとともに、チベット犬が祖先となっている。体躯が大きいので、中国では俗にトラとイヌの雑種であるといわれたことがあるほどで、チベットや外蒙古地方では豪族や僧院に飼養されて番犬とされているが、また一方、遊牧民は、塩の運搬に使い、原野で家畜の番をさせて野獣の攻撃を防御するのにも役立っている。

遊牧民の幸福の印 チベッタン・テリア

このイヌはオールド・イングリッシュ・シープドッグを小形にしたようなものだが、尾が長い。尾はペキニーズのように背の上に巻いている。チベッタン・スパニエルとともにこの地で何世紀も前から純粋種として生存していた。やはり、その地の僧院で飼育され、ジプシーや遊牧の民のマスコットまたは幸福の印とし

ダライ・ラマ ラマ教(チベット仏教)で、パンチェン・ラマと並ぶ最高の生き仏の尊称。

て与えられていたといわれる。それで純粋な本種を他国の人が手に入れることは非常に困難であった。チベット人はこれらのイヌを貴いものとして取り扱っていて、やたらに手放さず、他国人は何らかのツテを通じて僧院より貰い受けるよりほかに方法はなかったのである。

このイヌは非常に利口で、一人の主人を守り、成長すると決して他人に買収されないから番犬としては実に優秀である。チベット人は、マスコットとして飼育し、幸福をもたらすものと固く信じている。僧院のラマ以外のチベット人がこのイヌを売れば、必ずそれとともに幸福を持ち去られてしまうとされる。そして、部落の人々が全員で燃料を集めに出かけてしまったり、家畜の世話をしてテントから出て行ってしまった時、赤ちゃんがケガをしないよう、主人の持ち物が賊に盗られないようによく守るという。また、このイヌの冬毛は非常に長く厚くなり、温かくなると人々はヒツジの毛のように刈り込んで、その毛をヤクの毛と合わして織り込み、雨や霧を通さない柔らかくて温かい着物が作られる。高山地方ではヤクとともになくてはならない存在なのである。

狆の祖先と目される チベッタン・スパニエル *Tibetan Spaniel*

この小さなイヌは、チベットのどこでも見られたものではない。古くからある決まった僧院や村で繁殖されてきた、とされる。チベットにおける呼び名は不明である。このイヌを見ると、ペキニーズと先祖が同じではなかろうかという考えが浮かぶ。無論、ペキニーズのほうがいろいろと改良が加えられている。つまり、チベッタン・スパニエルの方が原型を保っている、と思われるのである。

このイヌは中国よりもインドへと持ち出されてきた。今から七〇年ほど前からインドではクラブが組織され、標準が制定されていた。インドがイギリスの植民地であった時代からイギリスへは渡っていた。だが、世界の屋根と呼ばれているパミール高原とは環境が異なるので、イギリスではその飼育・繁殖に困難が付きまとったらしい。イギリスの〝トーイ・スパニエル〟の祖先と言われ、また中国経由で日本に渡ったものが〝狆〟の祖先ではなかろうかと言われている。

ネコ（猫）

イエネコは、中国には東南アジア経由、あるいは西からのシルクロード経由で持ち込まれたに違いない。しかし、中国では犬とは別の運命をたどった。それほど大切に飼われた形跡がない。イエネコのもつ勝手気ままな性格のゆえに管理し切れなかったのかも知れない。

ただ、重宝がられていたことだけは確かで、中国から日本へと渡った理由が仏教の経典をネズミの害から守るためだったとも言われる。

それは奈良時代のことで、遺伝学的な研究からも、インドから中国をへて渡来したといわれる。記録に残っているのは、宇多天皇*の日記（『宇多天皇御記』）に書かれた黒ネコで、八八四年（平安初期）に中国からきたものとされている。

日本で最初にネコに名をつけたのは、一条天皇だったとされ、ネコを五位の位

宇多天皇　在位887〜897年。平安前期の天皇。藤原氏の権力をおさえ、自由な政務を行った。
鳥獣戯画　正式には「鳥獣人物戯画」。一般に『鳥獣戯画』の名で親しまれている平安末・鎌倉前期の絵巻物。4巻。鳥羽僧正覚猷の作と言う説もあるが、各巻の画風から、作者・制作年代ともに異なると思われる。明治32年の国宝指定以来、擬人化された兎・猿・蛙などが生き生きと描かれる甲巻、馬・牛・獅子などの生態を写す乙巻、人間と動物の組み合わせの丙巻、世相をやや荒く描いた丁巻と呼び習わされている。京都市高山寺蔵。

につけ、「命婦のおとど」という貴婦人のような名前を付け、ネコの飼育係に女官を任命した。当時、宮中に飼われていたネコは赤い首輪と白い札をつけられ、紐にじゃれつかせて遊ぶなど、愛玩用として飼われていた。ちなみに、〝タマ〟という名が一般的になったのは江戸時代である。

平安後期になると絵画にネコが登場する。鳥羽僧正（一〇五三～一一四〇年）の作と伝えられる絵巻物『鳥獣戯画《ちょうじゅうぎが》』*と『信貴山縁起《しぎさんえんぎ》』*である。鳥獣戯画には尾の長いトラ毛のネコ三匹が描かれている。カエルやキツネやウサギなどと共に描かれており、このころにはネコが一般的な動物になったことを示しているようだ。

ウシ

中国にはいわゆる〝黄牛〟なるものが広く飼育されている。また台湾には台湾黄牛というウシがいる。台湾黄牛は一七世紀以来、対岸の中国本土、福建省、広東省から中国人の台湾移住に伴って入ってきたものである。黄牛はタイやフィリピンから中国南部にかけて分布する黄褐色・単色のウシの総称である。従順で勤勉な役畜で、体質は強健で粗飼に耐える。

この黄牛に似たものは、朝鮮半島原産の役肉兼用種である朝鮮牛であり、日本の在来牛である見島牛（山口県見島）と口之島牛（鹿児島県）である。単純に考えると、ウシは中国から朝鮮半島経由で日本に渡ったということになる。

ところが面白いことに、最近の研究は予想もしなかった結果を報告している。

信貴山縁起　平安後期の絵巻物。3巻。信貴山に毘沙門天を祭った僧命蓮に関する奇跡談を描く。鳥羽僧正画ともいわれるが不詳。奈良県生駒郡信貴山朝護孫子寺蔵。

文山牛（雲南省の黄牛）

つまり、朝鮮牛と見島牛などはホルスタイン、すなわちヨーロッパ系の血を濃くもっており、黄牛とは縁が遠いというのである。黄牛は南アジア系統の、いわゆるゼブーの系統である。日本の在来牛はシルクロードを通ってヨーロッパから運ばれてきたホルスタインのようなウシが、中国北部、朝鮮半島を経て渡来したということになる。中国には南部にゼブーの系統が、北部にはヨーロッパ系が飼われていたのである。

中国のウシの飼育起源は西方からの影響と考えられており、南方からの影響は比較的新しいものとされる。西方からのウシは竜山文化*（新石器時代）のころからの出土例がみられる。殷代になると多数のウシが犠牲に供され、牛骨は亀甲とともに卜占に用いられた。中国では、ウシを殺す儀礼は官民を問わずのちのちも盛んで、たとえば『漢書』*によれば、高祖*は毎年農業神の祠に殺したウシを祀らせたという。ウシと農業との結び付きは、農業神である炎帝神農*氏の伝承に明らかで、人身牛首のこの神は耒耜《らいし》（犂）をつくったと伝えられている。このようにウシが農業上、宗教上重要な意味をもってきたことは中国も日本も同様である。

更新世（一六五万年前～一万年前）後半には、日本列島の山野に野生のウシが生活していたことが、化石などによって証明されている。ハナイズミモリウシと呼ばれるもので、現在のヨーロッパのヤギュウ、バイソンに近いものであった。またオーロックスの骨も発見されている。しかしこれらの野生のウシを、我々の祖先が飼いならして家畜にしたとする証拠はなにも残っていない。時代がずっと

竜山文化　中国の山東省済南市竜山地区で発掘された遺跡に代表される新石器時代後期の文化。黒色磨研土器（黒陶）を特徴とする。

漢書　中国後漢の歴史家・班固がつくった前漢の王朝史。司馬遷の『史記』とともに後世の史書の規範となった。

高祖　中国で王朝をはじめた皇帝の廟号。漢は「劉邦」、唐は「李淵」。

神農　中国の伝説の帝王。三皇の一。炎帝ともいう。人民に農耕・医薬を教えたとされる。

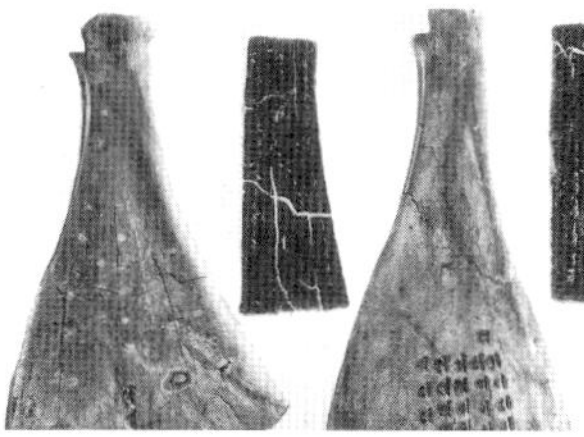

卜骨に刻まれた甲骨文　殷墟出土文物博物館蔵。亀甲や獣骨を焼いて吉凶を占った。

下がって、弥生時代の遺跡からはかなりたくさんの牛骨が発見され、当時の人が家畜としてウシを持っていたことが想像されるが、この日本在来牛は、おそらく朝鮮半島を経由して中国大陸の家畜ウシが移入されたものである。日本のウシの歴史は約二〇〇〇年ということになる。

現在、日本で飼われている「黒毛和種」*、「褐毛和種」、「無角和種」といった和牛は、純粋な在来種ではない。二十世紀初めに輸入されたブラウンスイス種、デボン種、ショートホーン種などの外国種を在来種に交雑して、その子孫の中から選ばれ、さらにそれを掛け合わせて作り出した品種である。純粋な在来種と呼べるものは、前述の見島牛と口之島牛である。見島牛は天然記念物に指定され、二〇〇頭あまりが保存されている。肩高一一五センチくらいの小形のウシで、毛色は黒が多く、背の細い後半身の貧弱なウシである。口之島牛は一九七九年に名古屋大学の研究グループによってその存在が明らかにされた。見島牛と同じか、それよりも古い和牛の元祖で、しかも野生のまま棲息していた。この島にいつごろから野生ウシがいたのかはっきりとした記録はないが、すでに一七二七（享保一二）年に放牧した文書があり、これが野生化したとすると三〇〇年近い歴史がある。体は小形だが前躯が発達し、尻の部分が異常に小さい。また警戒心が強く、動きが俊敏。気性が激しく、単独行動をとる。体毛が黒褐色のまだらなど多彩である。発見当時、頭数は二二頭まで確認できた。

現在の和牛の三品種のうち、もっとも数が多いのは黒毛和種である。このウシ

黒毛和種（全国和牛登録協会）

牛耕図　魏晋　甘粛省嘉峪関出土の壁画磚。2頭の牛に犂を引かせている図が生き生きと描かれている。

は生産地帯と育成地帯と肥育地帯に分かれている。生産地帯は繁殖用のウシを飼い、おもに中国・九州地方の山間部である。ここで生まれた子ウシは生後六ヶ月くらいで育成地帯へ売られていく。沖縄や西表島などがそれで、〝素牛〟と呼ばれる。約一年たった〝素牛〟は肥育地帯に売られ、特別な飼料と行き届いた管理の元で太らされる。代表的な肥育地帯は、三重・滋賀・京都・兵庫の各府県で、おなじみの〝松坂牛〟〝近江〟〝神戸〟などの名は、この地域の名がつけられた。無角和種は、在来種に角のないアバディーン・アンガス種を交雑して改良したもの、褐毛和種は朝鮮牛、シンメンタール種を改良に用いたものである。和牛三品種のほかに、東北地方で飼われている日本短角種は、〝南部牛〟と呼ばれている在来種をショートホーン種と交配して改良したものである。

ウシの祖先　オーロックス

オーロックスは原牛とも呼ばれ、ヨーロッパの家畜のウシの祖先とされる。ユーラシアに広く分布していたが、南アジアでは歴史時代の比較的早い時期に消滅した。メソポタミア*では古代ペルシア帝国時代にはすでに死滅していた。北アフリカのものはエジプトの古代帝国時代の終わり頃までに絶滅した。彼らは食用として狩り立てられてきた。

ダニューブ川*中流北岸のヘルシニアの森には、ゾウほどもあるが、姿や形、色から見てウシ類に入れるべきオーロックスがいて、角の力がたいへん強く、走る

◎「**牛耳る**」主導権を握って支配すること。中国の春秋戦国時代に、諸侯が盟約を結ぶとき、盟主がいけにえの牛の耳を裂いて血をすりあったことに由来する。盟主がまず牛耳を執ったので、盟約をつかさどることの意になった。

メソポタミア　チグリス・ユーフラテスの両河川の間にある地域。

ダニューブ川　ドナウ川の英語名。

オーロックス　雄の復元図
〔『図説　動物文化史事典』原書房〕

のもひじょうに速く、見つけたものは人であろうと獣であろうと容赦はしない。彼らを捕らえるには落とし穴を使うという。

西暦七〇〇年頃には、フランスの王侯がオーロックス狩りを自分たちだけの特権としたが、当時すでにそれほどまで数が減っていたことをうかがわせる。だが、一二四〇年にはプロシアにはヨーロッパバイソンもオーロックスもまだいた。西ヨーロッパと中部ヨーロッパでは中世まで生き残っていた。深い森林が彼らを守ったのにちがいない。

確かにヨーロッパも一五五〇年頃まではオオカミの群れが徘徊し、〝オオカミよりも狡猾な〟ヨーロッパオオヤマネコが森林のいたるところに潜んでいたし、ヘラジカがボヘミア*やザクセン*に棲み、ヨーロッパビーバーはいたるところで川にダムを作っていた。東ヨーロッパのあちこちにヨーロッパバイソンが棲息していた。だが、オーロックスはそんな中で少しずつ減少していった。体の大きさの割に性質が柔和で、狩りの獲物としては最高だった。森が切り開かれると、オーロックスを含め、あらゆる野生動物が姿を消した。ヨーロッパは文明の大発展の直前だった。

十六世紀にはオーロックスの保護地がヨーロッパ各地に出現した。だがこれは野生動物の保護のための保護区ではない。貴族たちが自分たちだけの楽しみのために、つまり狩りをして殺すときの興奮を感じるために保存しようとしたわけだ。だから、むろん密猟者もいただろうが、オーロックスは〝保護〟されていたにも

ボヘミア　チェコの西北部を占めるところ。

ザクセン　ドイツ東部。

関わらず、減っていった。保護すべき、いや撃つべき獲物がいなくなって、保護地は次々に閉鎖されていった。

最後の保護地はプロシア*東部の湖沼地帯からヴィストラ川中流まで広がる「ヤクトローフカ禁猟区」だった。マソビア公爵領にあり、ポーランド人の監視人がオーロックスの誕生や死亡を記録していた。「密猟者たちが半分人慣れしたオーロックスを殺し回った。一五六五年にはわずか三〇頭に減り、一五九九年には二四頭、一六〇二年には四頭、一六二〇年にはついにたったの一頭のオーロックスを残すのみとなった。そして、一六二七年のある日、森で一頭の年老いたメスが死んでいるのを監視人たちが見つけた」。オーロックスは地球上で最後の時をこうして迎えたのである。

ウマ

中国では、黄河流域に紀元前一五〇〇年頃覇を唱えた殷王朝は戦車*を持っており、その王墓には四頭の馬と青銅の戦車とが合葬されていた。

この殷時代の中国のウマは、西方から手に入れたものとされる。殷に続く西周時代（紀元前一〇四四～七七一年）にも戦車は引き続き使われていたが、この頃から北方の草原に割拠する人々は騎馬民となり、中国をうかがい始める。文明圏でない地域では車輪や馬具を作製する技術も材料もなく、もっぱらウマに直接乗っていた。中国自身も騎馬を取り入れるようになるが、春秋戦国時代（紀元前七

プロシア　ドイツ帝国の中核となった王国。プロイセン。

◎「**塞翁が馬**」「人間万事塞翁が馬」というたとえは、『淮南子―人間訓』にある故事によっている。国境の塞《とりで》に住む老人＝塞翁の持ち馬が胡の地に逃げた。人々は気の毒がったが、老人は「これが福にならんとも限るまい」という。やがてその馬が立派な馬を連れて帰って来ると、人々の祝いの言葉に「これが禍にならんとも限るまい」という。ある日、二頭の間に生まれた良馬から息子が落ちて足を折ったが「これが福にならんとも限るまい」と落ち着いている。1年後、胡の軍勢が侵入し、若者たちは戦いで十人中九人までが死んだが、息子は障害のため戦わず、父子とも命長らえたという。

戦車　戦に使われた車。何頭かの馬に引かせた。

七〇〜二五六年）の戦車戦術は騎馬戦術に敵しがたかった。戦国末期以来、匈奴は鎧をつけた蒙古ウマに乗り、集団攻撃をかける戦法をとったからだ。紀元前三世紀末、秦の始皇帝は万里の長城を築いてこれを食い止めようとし、漢の武帝は政略と軍事遠征とを併用して、北と北西の騎馬民、匈奴《きょうど》、烏孫《うそん》、大宛《だいえん》、大月氏《だいげっし》*などと対抗する。武帝の事蹟としてとくに有名なものが、大宛（現在のトルクメニスタン）遠征（紀元前二世紀末）である。

ここで武帝は西域の良馬を手に入れた。天馬、千里馬、汗血馬《かんけつば》*などと呼ばれるアラビア・ペルシャ系の駿馬がこれ以後、彼の遠征ルートに沿って開かれた西域交易路を通って中国にもたらされる。このルートこそが「絹の道 Silk Road」である。以後、中国歴代の王朝は北方騎馬民族の脅威への対抗手段としても、また国内争乱への備えとしても騎馬戦術を重視した。中国は「南船北馬」といわれるように、その交通に、南部は川や運河が多いので船を、北部は山や平原が多いので馬を多く用いた。中国における戦乱の震源はたいてい北の方からであり、それに対する備えとして良馬を確保し、騎馬戦術を常に高いレベルに維持していた。

現在まで、中国には前記の汗血馬のほか蒙古馬、四川馬、中形の伊梨馬《いりば》、ハイラルウマ、サンベージウマなどが在来種として存在してきた。広大な中国のそれぞれの地域でその風土に適応して成立したものである。

わが国最古のウマの化石は、岐阜県可児郡平牧村の第三紀中新世の地層から、ウマの下顎断片と第三前臼歯であり、「ヒラマキウマ Anchitherium hypohip-

匈奴・烏孫・大宛・大月氏　漢代に中国を取り巻いて圧迫した騎馬民族国家。

漢代騎馬民族

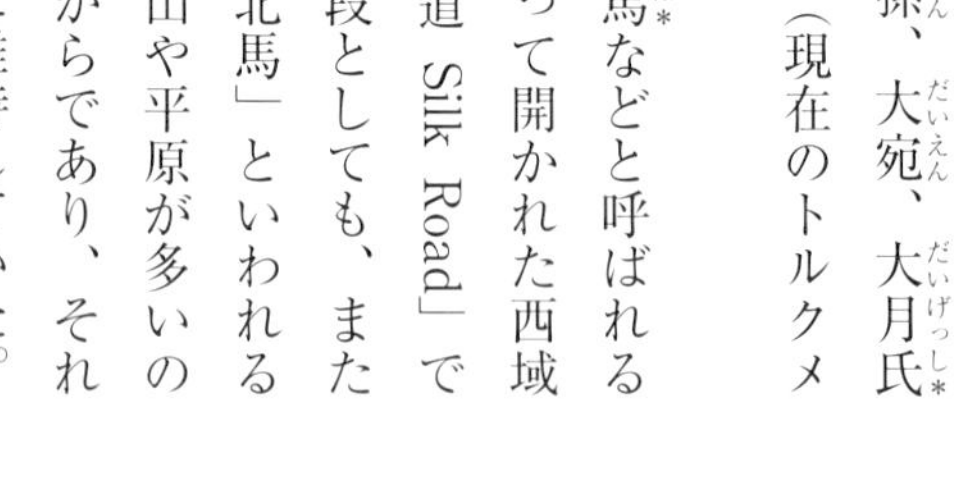

汗血馬　血のような汗を流すという馬。西域に産した名馬をいう。

poides」の名がつけられている。これは現代のウマではなく、原始的な野生馬"三趾馬"であるとされる。この例を初めとしていわゆる縄文時代までの地層から計一六例の化石が出土している（一九七〇年頃までの記録）。この縄文のウマが、現在の家畜ウマと同一なのかどうか議論される点であるが、少なくとも「これらのウマの化石は、現在までのところ、旧石器時代の石器に伴われた獣骨の出土は報告されていない」（専門家）ことだけは確かである。

東部朝鮮には小形馬が、北部朝鮮から中国東北部にかけてはそれより大きなウマが飼育され、駄載や騎乗用に使われていた。これからすると、日本には縄文はおろか弥生の末期においてもウマは存在しなかったことになる。

だが、人類学者の長谷部言人博士は、いくつかの遺跡から出土するウマの四肢骨の大きさから体格を推定し、わが国石器時代には出水（鹿児島県、縄文後期）、田結（長崎県、弥生期）出土例のような体高一一五センチ内外、体重二〇〇キロ以下の小形馬と、平井（愛知県、縄文後期）、鴨井（神奈川県、弥生期）出土例のような体高一三〇センチ内外、体重二八〇キロ程度の中形馬がいたと推定した。

家畜学者の林田重幸博士は一九五六年、当時集められる限りの日本古代馬の四肢骨を測定し、それから体格を推定した結果を発表した。長谷部博士と同様に、日本古代馬には小型、中型の二型があったが、注目すべきは、わずかな例外はあるにしても、縄文遺跡から出土するウマは小形であり、弥生以降の遺跡からは小形・中形の両型が出土するとした。

冬のナダム
モンゴル語で遊びを意味する「ナダム」は、ふつう夏から秋の有閑期に牧畜民が集う伝統的な祭りだが、極寒の季節にも行われた。（内蒙古自治区フルンボイル盟オウンク族自治旗）

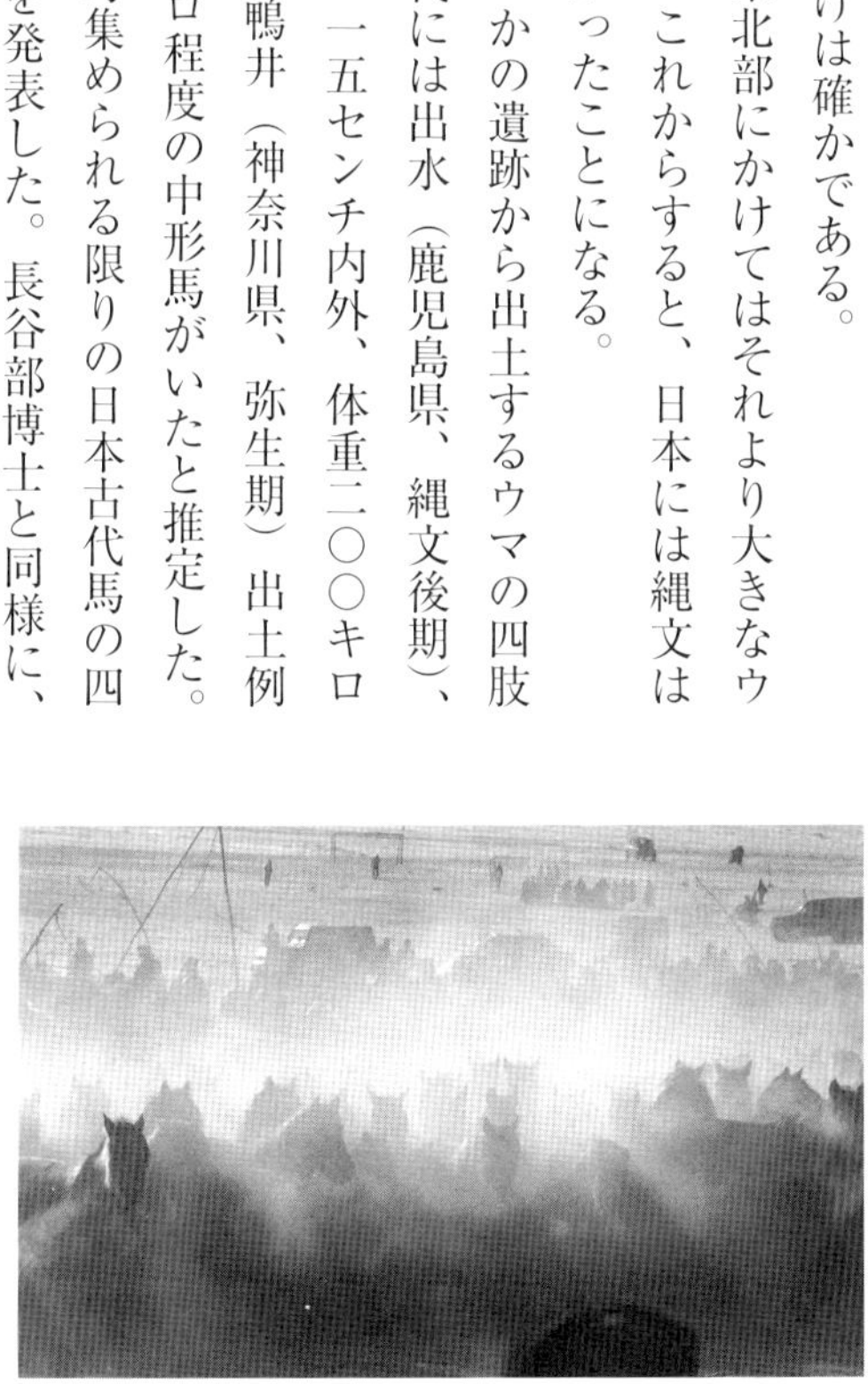

果下馬 ［▼p.44］ このウマが、小形で背に乗ったまま果樹の下を通り抜けることができたことに由来する。

林田博士は日本在来馬の源流系統について次のような想定に到達した。「古く、中国の四川・雲南から華南一帯にかけて蒙古馬とは異なる、現在の四川馬の基礎となった小形馬（果下馬*）が存在した。この小形馬が、本邦の縄文後期の頃から弥生時代にかけて、華南沿岸から九州へ、そして日本の黒潮海域に導入されたのであろう。またこの頃、南朝鮮にも入ったのであろう。……さらに弥生時代から古墳期にかけて、現在の木曽馬、御崎馬ほどの大きさの中形馬が朝鮮半島から導入されたであろう。最初に小形馬が、ついで中形馬が本邦に入り、これら二型のウマは、単独に、または交雑の形で存在したが、有史以降、軍事運輸の必要から、小形馬は次第に減少し、中世の鎌倉時代の頃には中形馬が多数を占め、江戸時代の末期、明治の初期には小形馬は内地においてただ土佐駒として残り、他は木曽馬、御崎馬のような中形馬だけになってしまったのである。九州南西諸島には小形馬だけが入って、中形馬が入らなかったから、小形馬だけがいたのである。昭和二七年頃の対馬には、小形・中形が混然として中世鎌倉時代の様相を呈していた」と。

　こうした説には疑問も多く、異論もある。とくに京都大学の野村謙博士らが行った遺伝的研究は、異なった結論を得ている。日本在来馬と、東アジア諸地域の在来馬、競走馬三品種（アラブ、サラブレッド、アングロアラブ）を遺伝的に比較したのである。その結果、日本在来馬の起源系統の問題はまだ未解決ではあるが、しいて言えば、日本は朝鮮半島あたりから、ある時期に一度ウマを受け入れ

ウマは、中国の全時代を通じて、発掘された文物としては、もっとも数が多いと思われる。

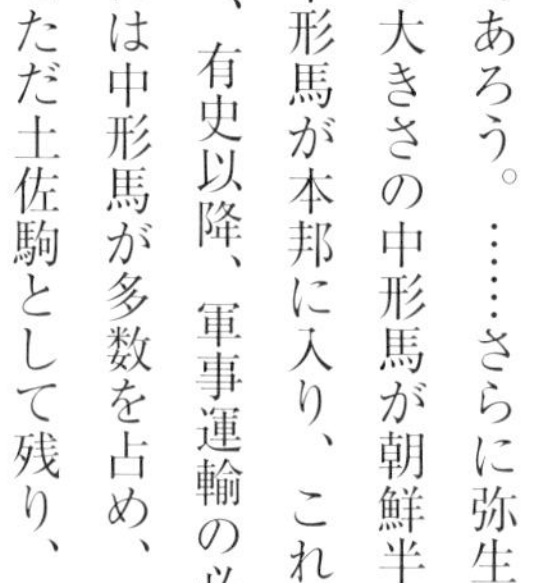

唐代黒釉三彩馬　河南省洛陽博物館蔵

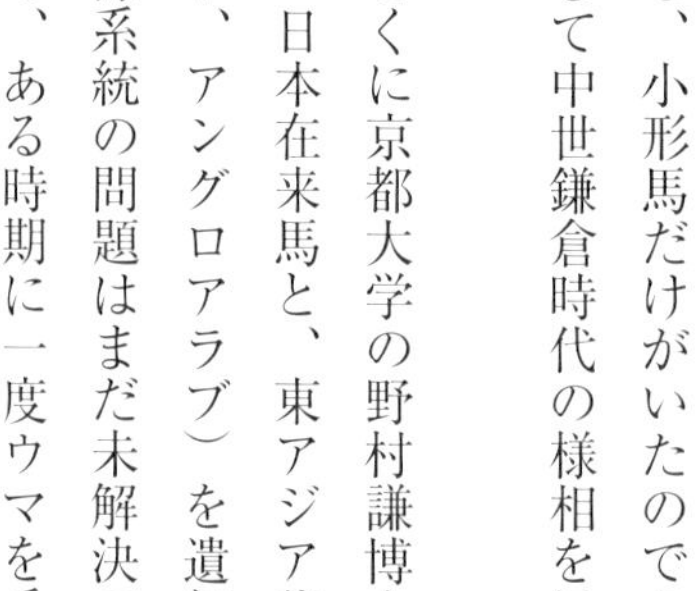

後漢銅製馬車　貴州省博物館蔵

たのではないかと想定している。そして、もしそうならば吐噶喇馬、与那国馬など南西諸島の在来馬は、日本本土から南下して島嶼に隔離されたウマなのだろうとも述べている。沖縄の古文献によると、その地のウマは「やまと」、つまり日本本土から移入されたというから、これが真実なのかもしれない。

ウマの祖先？ ターパン

鮮新世の後期（五〇〇万年前頃）、北アメリカに現れ、やがてアジアからヨーロッパに広く分布し始めた真のウマ類であるエクウスは、各地の気候風土によって特徴づけられ、後には数多くの種に分化した。それは一万～五〇〇〇年ほど前のことで、黒海北部のウクライナから東はアラル海周辺まで広がる草原地帯においてであった。このうちの一種が家畜化されて現在のウマというわけだ。ターパンは家畜のウマと同種であるとする意見もあるが、別種であるとも言われる。ともかく、家畜のウマに極めて近い一種がターパンなのである。

そのあたりにたくさんのターパンが棲息していたが、彼らの数は次第に減っていった。その原因は人間による狩猟であり、草原を人間が焼くという環境の破壊もあり、そして家畜ウマとの交雑による野生種の血液の消滅が考えられている。

交雑によるというのはこうだ。当時すでに家畜化されたウマをもっていた人間にとってターパンは厄介ものだった。彼らは牧場に積んである干し草を一晩で平らげてしまうし、野生の雄が家畜ウマのボスに闘いを挑み、これを打ち負かして

徐州前漢墓兵馬俑出土状況　徐州前漢墓兵馬俑博物館

彩絵陶馬　南北朝　河北省磁県東魏茹茹公墓出土

はしばしば死に追いやり、雌たちを誘惑して連れ去ってしまったからである。ターパンは自分たちがそうとは知らずに自ら雑種化してしまったのである（むろん、人の手を逃れて、再び野生化した家畜ウマとの交雑もあっただろうが）。

一七〇〇年代後半になって、ターパンの棲息域が狭まり始め、一八〇〇年代には黒海からカスピ海の北の方にある草原にしか残っていなくなった。別の個体群（森林ターパン）がヨーロッパ中央部から東部の森林地帯に分布したが、これも一七〇〇年代には減少し、ポーランド北東部に残存していたものの一八〇〇年代初めには絶滅した。

一八五一年まではまだ確実にターパンはウクライナに棲息していた。しかし、一八七〇年頃には、アスカニア・ノバ付近に野生の群れがいたらしいが、その後まもなく野生種は絶滅したとみられる。モスクワの動物園には一八六六年に捕獲された雌が飼育されていたが、一八八〇年代に死亡した。地球上からターパンが完全に姿を消したのである。

ところで、ポーランド原産のウマの一つにコーニックconikがある。このウマは森林ターパンの血をかなり濃く受け継いでいるといわれる。体の色や姿が似ている。ドイツとポーランドでは、このコーニックを使ってターパンを何とか復元しようとする動きがあった。一九三〇年代に入ってからのことだが、絶滅ターパンの復元が試みられた。

ポーランドではベチュラーニがコーニックを元に、祖先型らしきものを作りだ

舞馬銜杯銀壺　唐　陝西省博物館蔵

した。また、ドイツではベルリンとミュンヘンの動物園長をしていたヘック兄弟が、あまり改良が進んでいないようなウマを掛け合わせて、ターパンらしきものを作った。今日、ヨーロッパなどの動物園でこれらの偽ターパンを見ることができる。

姿、形、色などは絶滅したターパンに非常によく似ている。しかし、注意しなければならないのは、野生のターパンがよみがえったわけではないということである。遺伝子などは家畜のウマである。かつて栄えた野生のウマを想像する手段としては意味があるが、いったん絶滅させてしまった動物は、どのようなことをしても二度とよみがえることはない。

ブタ

アジアでは人類の多くの文化がそうであるように、最古のブタ飼養文化の証拠は中国にある。おそらく一万年前ころには家畜化されたとも言われる。確実なのは、古代の中国人（漢民族）が新石器時代に黄河流域に住み、定住的農耕生活を始めた紀元前二〇〇〇年頃からの記録で、おそらくその頃に土着のイノシシが、中国でもっとも古い家畜となったものらしい。

中国では最古の家畜種といえばおそらくブタとイヌであり、いずれも肉用として飼育されてきた。東洋の極度に肥満した脂肪腹のブタは起源が極めて古く、中国では数多くの変種が作り出されており、一説には一〇〇品種を超える。

中国ブタの大部分は、現代でもイノシシとあまり違うものではないと言われるが、海南島種のように強健多産性で、しかも体の下半が白、上半が黒の花猪と呼ばれる品種、顔面と体全体に及ぶ大きな皺をもち、この奇相のために奇面豚と呼ばれる南中国原産の台湾の桃園、美濃、頂双渓の三品種など、古来、豚肉と豚脂の利用にもっとも巧みな漢民族は、すぐれた多数の地方品種を作り出している。奇面豚はイギリスの土着種と交配され、バークシャー種などの有名な改良種の育種に貢献し、逆に台湾では、バークシャー種と奇面豚との雑種第一代を肉豚として利用している。

三世紀に中国で書かれた『魏志倭人伝』には、当時の日本にウシ・ウマはいないと書かれているが、ブタについては触れていない。すでに縄文人あるいは弥生人が大陸から持ち込んでいたようである。二〇〇二年一一月、帯広畜産大の石黒直隆助教授（分子遺伝学）らは、愛媛県松山市の宮前川遺跡（弥生時代末）など三遺跡で出土した骨をDNA分析し、中国の梅山豚などと同じアジア系のブタだとする研究をまとめている。それによれば、宮前川遺跡や愛媛県今治市の阿方遺跡（弥生時代）、それに長崎県富江町（五島列島）の宮下貝塚（縄文後期）のものが、アジア系豚と極めて近いタイプであるという。同助教授は、宮下貝塚へは海上交易の中で、早くから持ち込まれたらしい、と述べている。一方、愛知県清洲町の朝日遺跡（弥生時代）や大分市の下郡桑苗遺跡（同）など三遺跡の骨は、ニホンイノシシのタイプだったという。同助教授は「アジア系豚が西日本の一部

桃園猪

梅山猪

紅陶獣形壺　高21.6cm　長22.4cm　大汶口出土　山東省博物館蔵　鼻を見ればブタにも似る。実用品だが、美術的にもすぐれている。

緑釉陶飼猪俑と猪圏　漢　幅20.5cm　陝西省乾県出土　西安碑林博物館蔵　中国で最も古い家畜とされているが、規模の違いはあれ、その飼い方は今とそれほど変わらない。

画ほうろうの手あぶり　清　高10.5cm　炉口径15.0cm　北京芸術博物館蔵　三頭の羊が太陽の下で遊ぶ図案は、冬が過ぎ春が訪れることを表わす。手をあぶって暖を取る器にも工夫がこらされる。

羊形灯　青銅　前漢　高18.6cm　長23cm　河北省満城県満城漢墓1号墓出土　河北省博物館蔵　漢代には明かりがかなり普及した。照明具には各種の動物を図案化したものがあるが、羊の形をしたものがなぜか多い。

に限られることから、大陸からの持ち込みはそれほど大規模でなかった」とみているのである。

有史以来、日本にはイノシシがいたから、あえてブタを飼育する習慣ははやらなかったのかもしれない。ブタあるいはイノシシを神聖視して犠牲に供した記録はある。すなわち、神代からイノシシを捕らえて飼育したということが『古事記』*にあるのだ。また『聖武記』にはイノシシ四〇頭を野に放つとあるから、奈良時代にも、かなり飼育されていたのであろう。猪飼(甘)部という専業養豚システムさえあったのである。なお、「家」という字は、人が集まっているところ、という意味だそうだ。ウかんむりは家のことで、「豕」はイノシシやブタを指す。だから、「家」は家畜小屋のことだったが、イノシシやブタが子をたくさん産むので、転じて人が集まっている場所、つまり家の意味になった、という。

ともかく、そのころのブタの外形や能力は、イノシシと大差なかったとみられている。しかし、仏教の伝来により、肉食が禁じられてからは、琉球以外は、ブタは飼われていなかった。その間、約一〇〇〇年。それで日本には在来ブタと呼ぶべきものは見当たらない。

一六〇九(慶長一四)年にオランダとの通商が開始されて、長崎の出島にオランダ人が、ブタを飼い始め、再び本邦の養豚が始まった。すなわち、そのブタを日本人が譲り受けて飼い、外人に生肉を販売し、また加工も行うようになり、しだいに各地に広がった。ことに外人の多かった横浜、函館付近に盛んになった。

*『古事記』太安万侶の撰録による神話・歴史書。

また地理的に近い関係で、琉球から鹿児島にも入り、明治の初期には、かなり全国的に広がった。その後、ヨークシャー、バークシャー、ポーランド・チャイナなど外国種の輸入も盛んになり、豚肉の消費も少しずつ増加して、養豚は漸次盛況を見るに至った。本邦において豚肉に対する嗜好が一般に普及したのは、第一次大戦以後で、それまでは、不潔、脂臭、寄生虫などの誤解があり、これを食う人はむしろ少なかった。また第一次大戦後、豚肉加工の技術がドイツ人によって伝えられ、加工品の生産消費も、そのころから大いに伸びてきたのである。

ヒツジ

紀元前八〇〇〇～七〇〇〇年ころ、ヒトが西アジア地方でヒツジの家畜化を開始し、これら初期の牧畜民がかなり急速に西方のヨーロッパへ、そしておそらく北東アジア、極東へと広まったとされている。

元来、ヒツジは粗食に耐え、飼料の少ない乾燥地でも生存しうるところから、食糧の乏しい移動性民族、たとえば遊牧の民には好都合な家畜であった。ウシやブタが定住的農耕民族の家畜となったのと対照的である。中国では西部、北部でよく飼育される。ヒツジは、毛を利用できるほか、肉や乳や毛皮も、人間の生活に有用で、まことに多目的に利用できる家畜である。とくに遊牧生活を送っている民族にとっては、衣食住のすべてをまかなってくれるもっとも重要な家畜といえる。

四羊尊 商（殷） 北京市中国歴史博物館蔵

羊毛は、ヒツジの生産物のうちでもっとも重要なものである。品種によって、生産する毛の太さや長さなどに違いがあるが、それぞれの性質によって使い分ける。長い羊毛は梳毛といい、精紡機にかけて毛糸にし、モスリン、セル、サージ、ギャバジンなどの滑らかな布になる。短い毛は紡毛といって、メルトン、フランネルなどの柔らかな布に織られる。粗毛種の粗い毛は、カーペット羊毛として絨毯の材料に利用される。ヒツジ一頭から一年に刈り取れる毛の量は、品種によっても違うが、四～七キロで、だいたい背広一着分に当たる。

ヒツジの毛皮は、毛を適当な長さに刈り込んだものが、防寒用や敷物に利用されるほか、独特な毛皮用のカラクール種という品種もある。この種は、生まれたばかりの子ヒツジの毛は黒く、毛の先端が巻き込まれて縮んでおり、非常に美しい。これは、婦人用高級オーバー地のアストラカン*の名で珍重されているものである。

日本にヒツジが渡来したのは、他の家畜とはちがって縄文とか弥生とかの年代ではない。また中国などの大陸との関係もない。はるかに新しい動物なのである。輸入されて牧羊業が始められたのは、江戸時代の末期、鎖国が解かれてからのことである。

明治初年には政府が牧羊振興政策をとったが、技術的な未熟さから完全に失敗した。第一次大戦後に再び牧羊業の重要性が見直され、昭和初期になると、羊毛の国内自給が主として軍の要請として強調され、国策として積極的な増殖計画が

羊頭形飾金具 戦国 伊克昭盟ジュンガル旗大路公社出土

アストラカン アストラハン地方産の胎児または生後間もない羊からとった毛皮。表面が輪状に縮れている。

実施された。第二次大戦から戦後にかけて、ほかの家畜が激減したときにも、ヒツジの飼育頭数はむしろ伸び続け、一九五七（昭和三二）年には一〇〇万頭にも達した。しかしその後、国外から安価な羊毛が輸入され、羊肉の消費が伸びたりして、頭数は急激に減りつつある。現在は二万頭くらいが、北海道や東北地方を中心に飼われているに過ぎない。

日本の牧羊は、養蚕農家の副業として少数を小屋で飼う方法が行われており、大群を牧草地に放牧して飼育する外国の場合とは、著しい開きがある。日本の冬季の飼料事情の低下、梅雨時の高温多湿などは、牧羊の条件に適しているとは言えず、今後は羊毛生産を目的とするよりも、肉用の家畜として飼われることの方が発展するとみられている。

ヒツジの肉は、繊維が細かく軟らかいので、消化しやすい。脂肪も多いので牛肉や豚肉に比べてカロリーが高い。脂肪は白色で、溶融点が高いから冷食には適さない。また、この脂肪には揮発性物質に由来する特有の匂いがあって、日本ではあまり喜ばれないが、イギリスではこの香気がたいへん好まれている。イングランド地方のある肉用種のものでは、とくにその香りが高いので珍重されている。この特有の香りは、この地方の放牧地にたくさんいるカタツムリをヒツジが食べているからだと信じている人たちもいる。ヒツジの乳は、飲用とされるほか、チーズにも作られる。羊乳チーズとしては、フランスのロックフォールという青カビのチーズが有名である。

イエネコのルーツ

もっとも古いイエネコの記録は、紀元前一六〇〇年頃の古代エジプトの墓の中に描かれていた絵であるとされる。したがって、少なくともそれ以前に、古代エジプト人が野生のヤマネコ、中でも付近に分布しているリビアネコを飼い慣らした、と考えられている。そもそもは、穀物を荒らす野ネズミを捕らえるのがとてもうまかったために、エジプト人たちに飼われるようになったらしい。

リビアネコは、ふつうのイエネコよりもやや大きく、体重は三・六キロ前後である。夜行性で、まばらに木が生えた乾燥地を好む。小鳥類やジリス類、ネズミを捕らえて生活している。イエネコと自由に繁殖する。

人間に飼われるようになったイエネコは、非常に有能だったらしく、古代エジプトではとても大切にされた。ネコが死ぬと飼い主の家族は眉を剃って喪に服し、亡骸を霊廟に運び、そこでミイラにして埋葬したという。実際、三十万体以上のイエネコのミイラが発掘されている。これらの骨を調べた大英博物館の分類学者R・ポコックは、リビアネコが祖先であると断定している。

二〇〇〇年ほど前になるとローマ帝国では、ネコはふつうに見られるようになった。それからヨーロッパやインド、東南アジアなどの各地に広まっていったらしい。その地方にはネコがもともといなかったわけであるから、珍しい動物なので、最初は王様や貴族が大切に飼育した。そして、各地で独自に飼育された結果、ペルシャネコやシャムネコなどのような、特徴のあるネコが生まれたのである。

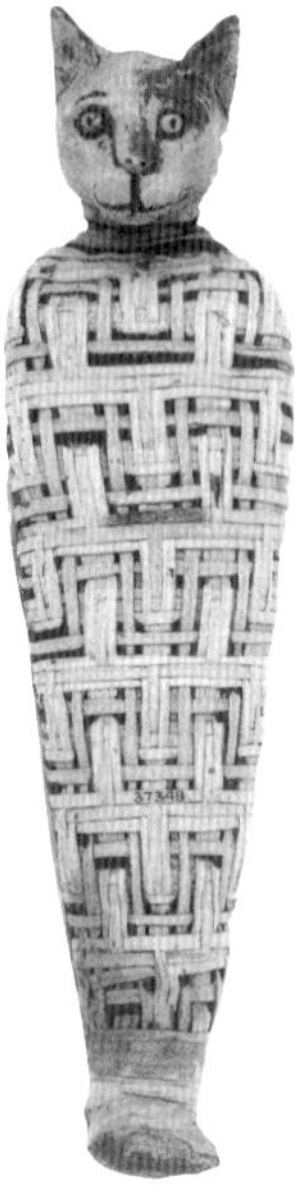

ネコのミイラ

ネコの像 高さ42cm

ともに大英博物館蔵

第二章
亜寒帯林——森にひそむ

亜寒帯林は、人間が生活するには苛酷な自然環境である。もちろん動物や植物にとっても同じである。タイガ、すなわちシベリア地方に発達する針葉樹からなる大森林。モミやトウヒなどの針葉樹が一年中生い茂っており、暗い。この森を黒タイガと呼ぶ。時おり起こる山火事、その跡などにはポプラやシラカンバなどの広葉樹が森を作る。こうした森は落葉したりするために明るく、白タイガと呼ばれる。しかし、ゆっくりとではあるが、確実に、白タイガには日陰で育つ針葉樹が侵入してきて、長い後には黒タイガに戻るのである。平均気温が一〇度以上の月はわずかに二〜三ヶ月しかない。そこの冬は猛烈だ。乾燥して雪は比較的少なく、平均気温はマイナス三〇〜四〇度というひどさである。九月で、もう平均気温は三〜六度しかない。だから地下まで凍っている。永久凍土層は、地下数メートルから五〇メートルにも達する。

ここにはトラ・ヒョウ・オオカミ・クマといった大型の肉食獣が森の陰に潜み、雪原を走る。その食欲を支えているのがノロ・ヘラジカ・トナカイなど大型の草食動物である。この森に棲息する動物種の数は非常に少ない。それは、植物同様、凍りつくことを防ぐ術を獲得したものだけが生き延びることができたからである。動物たちは分厚く密生した上質な毛皮を身にまとって寒気を防ぎ、大型化することで体から失う体温を少なくした。シマリス、コウモリ、ヤマネなどは冬眠することで、クマは冬ごもりという習性を獲得することで、厳しい季節を生き延びてきた。そしてクロテンなど体が比較的小形のものは、巨大な針葉樹の幹

大興安嶺の原始森林

にできる樹洞をねぐらにして寒気をしのいでいる。天候の良いときにだけ活動するタイリクモモンガもいる。トガリネズミやヤチネズミなどのように、さらに小さなものは凍てついた雪の下でトンネル生活をする。

亜寒帯の針葉樹林は、生き物たちにとって避難所である。低すぎる気温はあらゆるものを凍らせる。温暖な地で生存競争に敗れた生き物は、極端な寒さの地に最後の望みを託して進出する。木々にとってそれは幹の水分を秋に抜いてしまうか、不凍液を備えることである。亜寒帯林の構成樹木は、それで、秋に葉を落とすカラマツやシラカンバ、大量の松ヤニをもつシラビソやコメツガなのである。

亜寒帯林はどこまでいっても同じ種類の樹木が並んでいるが、これは極寒の地に生き延びることに成功するものが極めて少なかったからである。

さて、「虎豹の文は田（狩り）を来たす」という約二四〇〇年前の『荘子』*にあることばは、「虎と豹の皮の美しさが人の狩猟を招く」という意味だが、動物のせっかくの耐寒の努力も、人に毛皮文化として珍重されてしまう。森林の樹木を伐採して生活圏を狭められるだけではなく、肉や骨や毛皮も人にとっては天の恵みとなる。虎骨酒や熊の胆などと漢方薬にも利用される。

西域の国五一カ国を服属させた後漢（西暦三二年）の名将・班超《はんちょう》*は「虎穴に入らずんば虎子を得ず」といったが、トラはやはり豪傑にとっても一目置く存在であった。「君子豹変す」「虎視眈眈」「狼狽*」などと動物の習性を観察したなかから出たことばも数多い。

荘子　荘子の著とされるが、戦国時代後期から漢代初期にかけて道家の思想家たちによってかかれた書。

班超　中国・後漢初期の武将。西域都護として、ホータン・カシュガル・クチャなど約50カ国を服属させ、漢の勢力圏を拡大した。

狼狽　狽はオオカミの一種で前の二足が極端に短く、いつもオオカミの後部に乗って動くといわれる。オオカミから離れると何もできないので、「あわてること」「物事がうまくいかないこと」を意味する。

孤高の王者　シベリアトラ

最高の捕食者として発展してきたネコ科動物の中で、進化の頂点に立ったのがトラだ。そのパワーは、ドイツの動物学者グジメックによれば、巨大なヤギュウ、ガウル（体重七〇〇〜九四〇キロ）の死体を一二メートルも引きずっていったので、あとで男が集まって元へ戻そうとしたが引きずれなかった。そのときの人数は一三人だったという。また、アメリカの動物学者ウォーカーによれば、一八〇キロもあるウシをくわえ、途中にあった柵を飛び越え、三〇〇メートルも運んだという。

ここでいう〝トラが進化の頂点に立った〟という意味はこうだ。ネコ類はおよそ五千万年前（始新世）に北アメリカやヨーロッパに棲息したミアキスに源を発し、森の中で進化してきた。単独性、獲物への忍び寄り、瞬時にして獲物を倒す技を磨き上げてきた。その中でトラは頂点を極めたのだ。ライオンは平原に出て群れ生活者となったから、ネコ科動物としては異端者なのだ。トラは〝孤高の王者〟などと表現される単独性の捕食者なのである。

シベリアトラは、種・トラの中で最大にして最強だ。体長はオスで二・四メートル、尾長一・一メートル、体重三〇〇キロに達する。『偉大なる王』を著したロシアのバイコフ*は全長三八〇センチ、肩高一一五センチ、体重三二四キロを記載している。これが真実だとすると、相当に巨大だ。しっぽの分を差し引いても

ニコライ・アポロビッチ・バイコフ
［1872–1958］キエフ生まれ。国境警備隊の将校として満州の自然・動物の調査に従事した経験をもとに動物小説を書いた。『牝虎』『密林はざわめく』『満州の樹海にて』など。

杜虎符　戦国・秦　高4.7cm　陝西省博物館蔵

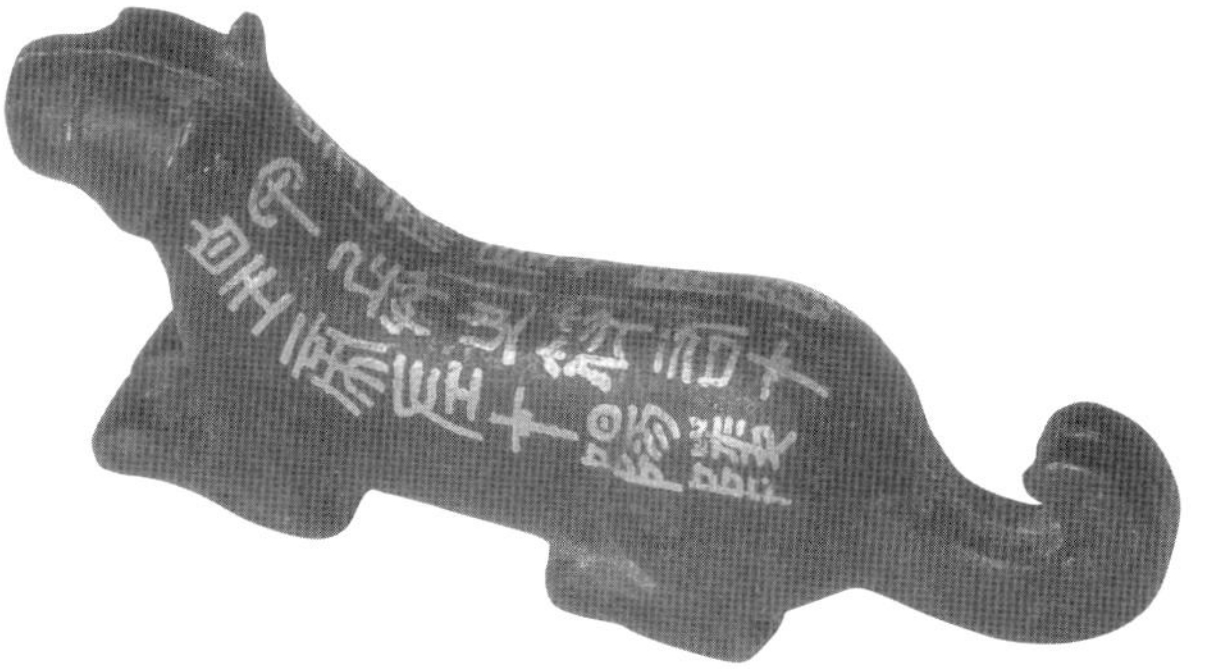

金象嵌「陽陵」青銅虎符
秦　長8.9cm　幅2.1cm　高3.1cm　中国歴史博物館蔵
虎符とは虎を象った割符で、これは秦の始皇帝が軍を動かす時の証明書代わりに使用したもの。始皇帝と陽陵将軍がそれぞれ持った。

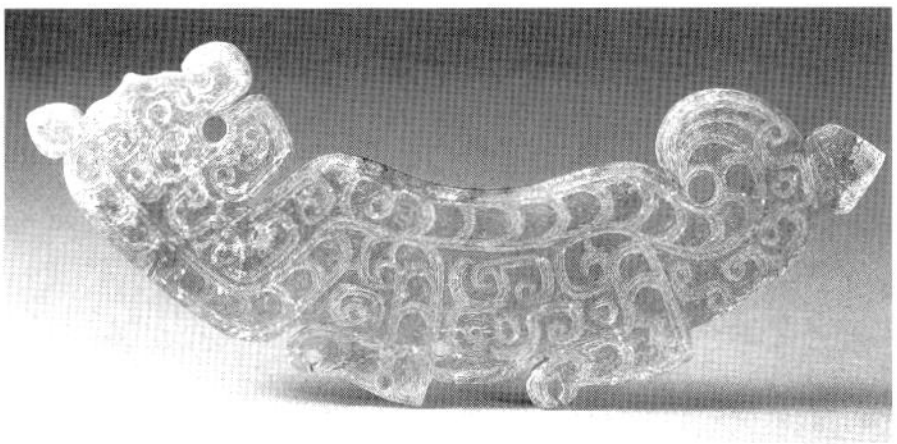

虎形青玉璜　長10.1cm　幅3.8cm　厚0.3cm
河北省中山国王墓出土　璜は古代の祭祀に用いた礼玉の一種。首を回し尾を巻いたトラが図案化されている。

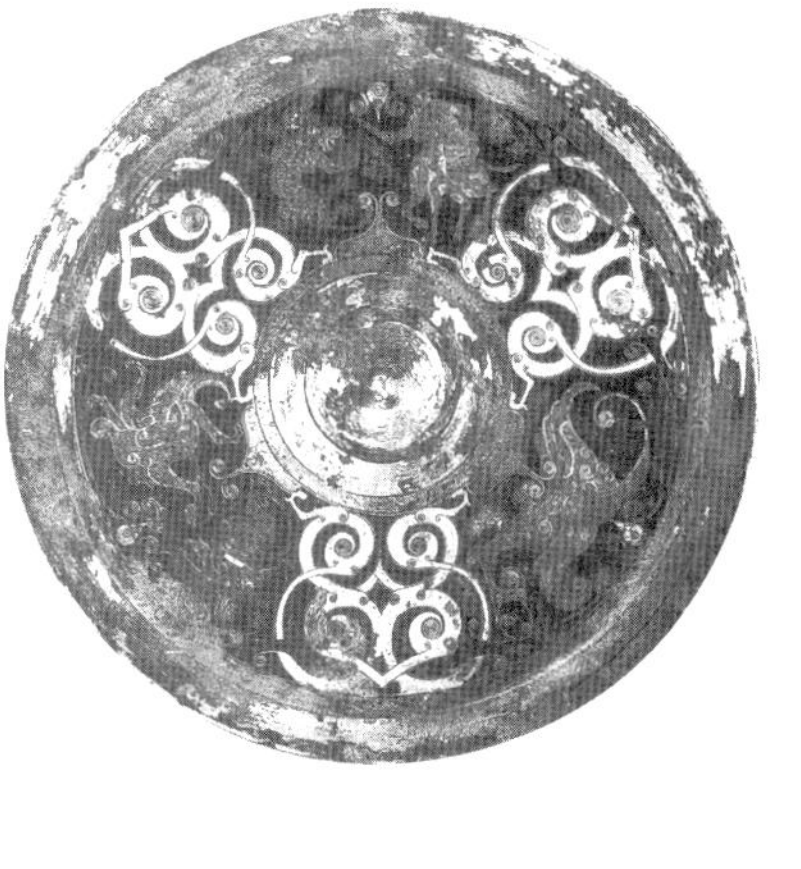

金銀象嵌狩猟文銅鏡　戦国　洛陽金村周墓出土
野獣（トラ）を狩る騎馬武士の姿が生き生きと描かれている。

二・七メートルはある。この巨大な猛獣が敏捷に動いたとしたら、成獣のゾウでも倒すだろう。北海道で恐れられるヒグマよりもはるかに強い。ロシアのエイブラモフの報告によれば、極東でのトラの食物のうちヒグマは五〜八・四パーセントを占めるという。

ところで、トラはいろいろな動物を獲物とする。彼らは待ち伏せもするが、積極的に獲物を探し回る。一晩の狩りで一〇〜二〇キロも歩く。彼らの獲物はヤギュウやスイギュウといった大物から、イノシシ、シカ類、サル類、そしてゾウやサイの子ども、クジャクなどの鳥類、ワニやヘビなどの爬虫類、カエルなどの両生類、魚類、バッタなどの昆虫まで、ありとあらゆる動物であるが、その地域で手に入れやすい獲物を捕食する。だが、狩りの成功率は低い。一〇回から二〇回ダッシュしてようやく一頭を仕留める程度らしい。

トラは獲物の密度によって行動圏の広さが変わる。オスもメスも毎日のように行動圏のパトロールに出かける。肛門腺からの分泌物の混ざった尿を獣道に沿った茂みや岩や木に引っ掛け、目立つ場所に爪跡を残す。

トラは体が大きく、広大な行動圏を要するだけに、開発の影響をまともに受けている。現在、棲息数はわずか二五〇頭ほどで、中国黒竜江省では飼育下で繁殖させたものを自然に返す計画が進められている。だが、一方で密猟も盛んである。トラのもつパワーにあこがれる人間がいるために、その密猟が絶えないのだ。

◎トラは熱帯では一年中、北方では冬に交尾が行われる。メスがオスを受け入れるのは数日で、その間に百回以上も交尾が行われる。妊娠期間はおよそ103日で、岩穴、草薮の中などの巣穴で出産する。一度に2〜4頭生むが、独り立ちできるまで生き残るのは一頭くらいなものである。寿命は野生でおよそ15年である。

「東北虎野生繁殖育成訓練基地」(ハルビン)で幼い虎が検査を受ける。

風前の灯火　アムールヒョウ

毛は長く厚く美しく、冬毛の地色は明るい黄白色、夏毛は赤味がかった黄色。斑点は大きく、ユキヒョウにやや似る。オスの首にはたてがみ状の長毛がある。余分な獲物を樹上に上げることなく、落ち葉をかけて貯蔵するなど、特異な習性がある。ロシアのオグネフは独立種としている。沿海州に五〇頭ほどが生存するのみと言われる。

ヒョウは、トラやライオンに比べるとはるかに小形で力も弱いが、姿や習性は彼らよりもずっと洗練されている。適応力もあって、寒帯のシベリアから東南アジアのジャングル、西アジアの乾燥地帯、そしてアフリカのサバンナや熱帯雨林まで広く分布している。そして低地の湿地からキリマンジャロの標高五六三八メートルの地点まで生息する。各地で大形肉食獣が姿を消している現在、ヒョウはもっとも繁栄している大形ネコ科動物なのである。

ヒョウは隠れ場となるやぶや岩穴の多い地域に好んで棲み着いている。彼らは自分の毛皮の斑紋が身を隠すのに極めて効果的だということを知っているらしく、隠れ方のうまさからいえば、ヒョウの右に出るものはいない。トラならば頭も隠せないような草原でも、ヒョウならば全身を隠せるのである。

ふつう、獲物を目と耳、ときには臭いを頼りに探す。そしてこっそりと近づいて身構え、それからダッシュして獲物に飛びついて、多くはその頸に咬みつくと

クロヒョウ　体中が黒いヒョウ。英語では「ブラックパンサー」と呼ばれ、ふつうの黄色いヒョウを「レパード」と読んで区別している。トラにもジャガーにも現れるいわゆる〝黒変種〟で、ヒョウとまったく同じ種である。

◎ヒョウはおもに早朝と、夕方から夜にかけて活動するが、人間に追い回されているような地域ではもっぱら夜行性である。

◎「**君子は豹変す**」　君子があやまちを改めて善に移るようすは、ちょうど豹の毛皮の斑紋が目立つようにはっきりしている。転じて善にも悪にも態度や考えがすぐにかわることにもいう。（『易経』「革」）

瞬時に頚椎と頚椎の間に牙を差し込んで頚の神経を切断して殺す。また、突き出した枝の上に寝そべって下を通りかかる獲物を待ち伏せ、目当ての動物がくるとその脇に飛び降りて仰天している間に喉に食いつくか、前肢のパンチを繰り出して頚の骨を折るという。獲物の背中に直接飛び降りることもあり、そんなときには獲物の背骨を折る。

ヒョウは、大形ネコ科動物としては小柄である。だが、逆に身が軽く、動きも素早い。木登りがたいへんうまい。木の上にいるときと地上にいるときとでは、その行動がまったく違う。地上にいるときはとても神経質で、非常に危険な動物であるが、ひとたび木の上に上がってしまうと、まるで別の動物になるという。木の上にいるとき、ヒョウは自分の姿が下からは見えないということを知っており、また木の上にいれば自分よりも強い動物はいないということで安心しているのであろう。実際、木の葉の茂みからもれる日の光と体の斑紋のおかげで周囲にうまくとけ込んで、まったく姿が見えないのである。

ヒョウは母親の教育なのだろうが、食べ物にこだわりがみられるものがいる。たとえばもっぱらインパラだけを食べるもの、イボシノシシだけを食べるもの、カエルだけ、魚だけ、ヒツジだけ、イヌだけを食べるヒョウがいると思えば、果てはヒョウだけを食べるヒョウがいたといわれる。これは縄張り争いや繁殖期にメスをめぐって闘ったときに、味を覚えたものらしい。あるものは自分が好きな獲物を捕るために、わざわざ毎晩三キロも離れたところまで出かけていき、途中

二豹襲猪文銅帯金具 前漢 雲南省博物館蔵

にほかの獲物がいてもまったく手を出さなかったという。

このように決まった獲物に好みをもつ性質があるから、一度人間の味を覚えると始末に終えなくなる。いわゆる〝人喰いヒョウ〟だ。かつては一カ所で二〇〇人がヒョウの犠牲になった記録もある。一九七八年冬にインドに人喰いヒョウが現れている。ヒマラヤの麓のインド北部に四歳から四〇歳までの女性や子どもばかり一八人を殺したのである。静かな山村は恐怖のドン底にたたき込まれ、二〇数人のベテラン猟師が血眼になって一年以上も追い続けた。最後は野生動物保護官が仕掛けたワナにかかり、ラクノウ市の動物園送りとなった。

孤独な狩人　ユーラシアオオヤマネコ

ユーラシアオオヤマネコはユーラシア北部の針葉樹林帯に生息する孤独な狩人だ。単独でひっそりと行動する。にぎやかな狩人集団のオオカミとは対象的である。オオカミはオオヤマネコの競争相手であるが、深い雪の中では対等である。どちらもこの時期には食物連鎖のトップにいる。オオカミは群れの誰かが獲物を発見すると全員で追い、雪が深いと先頭を交代しながら、一晩中でも追跡するという。だが、一頭で生活するオオヤマネコは、オオカミが群れで持っている狩りの装備を、一つの体の中に集約している。

〝雪靴をはいたネコ〟といった感じの足は、雪に潜らないための適応である。夏は前足の幅が約九・五センチ、後ろ足が約七・五センチだが、冬には密生する

リンクス　オオヤマネコの英名。ギリシャ語で「かすかな光の中でもよく見える者」の意味に由来する。

長毛によってそれぞれ一四・五センチと一二・五センチに広がる。ずっと大形で体重が一〇〇キロに達するピューマの足とほぼ同じ大きさになる。オオヤマネコの体重は三〇キロ以下だから、いかに雪の上に適した足を持っているかが分かる。

耳先の長毛は彼らにとってアンテナである。長さは四～五センチもある。実験によれば、オオヤマネコは五キロ離れたところで鳴らした警官の笛の音に反応した。同じ音に対して、ふつうのイヌは三キロ、人間だと二・五キロまでしか反応できなかったという。この秘密は耳の長毛にあるのだ。長毛を切ってしまうと音を聴く能力と、音源の位置の探知能力がかなり落ちることが確かめられている。

こうした装備をもって、オオヤマネコは単独で狩りをしている。オオカミのように足が雪に潜らないから一晩中でも雪の中を歩いていられる。彼らは待ち伏せのほかに、眼と耳と鼻を効かせての追跡による狩りも行う。その追跡は、めったに走らないが、たいへんしつこいことで有名である。獲物の跡をたどって一〇キロ以上も、黙々と追いかけるのである。

オオヤマネコの獲物は、哺乳類や鳥類が主で、他に爬虫類、両生類、魚類、昆虫が含まれる。彼らにも嫌いなものがあって、悪臭のあるトガリネズミ、ヒキガエル、サンショウウオは食べないらしい。また、オオヤマネコはキツネを深い雪の中では簡単に殺すが、決して食べず、捨てておくだけだという。

オオヤマネコの眼　ヨーロッパでは眼光が鋭いこと、つまり観察眼の鋭さをいう。かつて人びとは、オオヤマネコは石の壁でも見透かせると信じており、そのためにユーラシアオオヤマネコを「魔女に似た妖獣」と呼んだほどである。

シベリアトラ
Panthera tigris altaic

ユーラシアオオヤマネコ
Felis lynx

日本ではツシマヤマネコと呼ばれる　アムールヤマネコ

アムールヤマネコは森林生で多くは比較的標高の低い谷合や低木林の水辺に単独ですむ。とくに海岸近くの森に多い。アムールなどでは奥地の森林地帯の谷間の地に多く棲息する。樹洞や岩穴、ときに廃屋を休み場とし、ふつう夕刻より活動する。おもに地上で活動するが木登りも巧みで、枝にとまるヒヨドリを樹上で捕獲することもある。また、外敵に追われたときなども樹上に逃れる。

コナラ林やススキ草原などを動き回り、獲物を捕らえる。糞の分析結果から海辺で魚類も採ることが推定される。しかし彼らの主食は小哺乳類、鳥類、ヘビやカエルなどで、そのほか昆虫類なども食べる。

行動圏はイリオモテヤマネコなどよりも広いと考えられ長径一～二キロ、短径一キロと推定される。彼らは定期的にそこを回って、尿や糞でマークしている。台湾その他でイエネコと交雑すると云われているが、雑種と云われたネコの標本を精査してもこれは完全なイエネコで、ヤマネコの特性は少しも混ざってはいないから疑わしいと述べている（今泉吉典氏、一九四九）。

◎アムールヤマネコの繁殖期は冬で、12月頃から「ミャーオ、ミャーオ」と鳴きながら徘徊し、連れ合いを探す。妊娠期間は約63日と推定されている。交尾は3月頃行われるらしく、5月中旬に一産2～5仔を樹洞内、カヤの茂みなどで産むようだ。

タイガの黒真珠　クロテン

針葉樹林および落葉樹林に棲み、時には高山地帯にも棲息するが、川の近くを好む。地上と樹上、半々の生活をして降り、木の上を枝伝いにやってきて、樹林が途切れれば地上におり、そのまま地上で活動する。彼らは永久的あるいは一時的な巣を岩や丸太、木の根の間に数ヶ所作る。数メートルに及ぶ巣穴は、乾燥した草や体毛を敷き詰めた広い寝部屋につながっている。

亜寒帯林の住人・クロテンは猛烈な寒さの中で生活している。だから、上質の毛皮を身につけていなかったら仕事にならない。それにしても人間は良いものにはすぐに目をつけるもので、クロテンの中でも特に東シベリア産の暗褐色のものが最高とされた。毛皮はセーブルと呼ばれ、毛の繊細さ、緻密さ、そして色艶は他に類を見ないものといえる。陸産毛皮獣ではカワウソに次ぐものとされる。セーブルはしなやかで、光沢のある黒い毛に疎らに混ざる銀色の毛は、まるでビロードの上に真珠を撒き散らしたかのように美しい。毛皮というより、暖かな空気なのである。セーブルはまさに「タイガの黒真珠」である。

ロシア皇帝・イワン雷帝*のご機嫌をとるのは生易しいものでない。コサックの頭目エルマクはクロテンの贈り物で、この過酷なロシアの支配者の好みにかなった。以来、セーブルはロシア皇帝の衣服を飾った。ロシアの十九世紀の東方への進出は、海にラッコとオットセイ、陸にはクロテンがあったからだという。一八世紀半ばに行なわれたベーリングによるシベリア東部の陸と海の探検の報告には、これらの動物が名を連ねていた。セーブルを求めて探険家、交易商人、あるいは狩人などがタイガに足を踏み入れた。彼らはセーブルを手に入れるために、原住民と物々交換したり、買ったり、あるいは騙し取ったり脅し取ったり、果て

◎クロテンは、季節、昼夜と無関係に活動し、獲物を捕らえる。縄張り内のある一ヶ所で数日間狩りをすると、他へ移動する。こうして一定の行動圏内を遊動するのだが、冬場の天候が悪い時には、数日間巣穴の中で過ごす。

エゾクロテン　北海道に棲息するが、色も質も本場のものにはとうてい及ばない。それでも乱獲され、戦前にすでに絶滅寸前の状態になっていた。1920（大正九）年には禁猟となったものの密猟が絶えず、第二次世界大戦が皮肉にもクロテンをかろうじて救った。大正から昭和のはじめには、当時の金で一枚500円から800円もし、2～3枚も獲れれば一年を遊んで暮らせたという。

イワン雷帝　1533～1584年在位したロシアの皇帝。恐怖政治で国内封建勢力を抑え、集権化した。

は力づくで強奪したりした。

二十世紀初頭には、クロテンはたちまち絶滅に瀕した。スカンジナビアではずっと以前に絶滅し、ヨーロッパにはごく一部にだけしか残っていない。

乱暴者で知られる　クズリ

ツンドラとタイガに棲息する。岩の割れ目や洞穴、他の動物が掘った穴、倒木の下などに草や葉で簡単なベッドを作り、巣とする。おもに地上棲で、はずむようなギャロップで進むが、すばやく木に登ったり、うまく泳いだりすることもできる。嗅覚は鋭いが、視覚と聴覚はあまりよくない。主に夜行性だが季節によっては昼間も活動する。冬期には、一日四五キロも移動することがあり、一〇〜一五キロもの長距離を休みなしでギャロップすることができる。

食物は、トナカイ、ノロ、野生のヒツジなどの大型獣やその屍肉、地上に営巣するカモなどの鳥の卵、レミング、漿果などである。大型獣はおもに、雪が降ってクズリが速く雪上を歩けるようになる冬に捕らえる。食べ残しには土や雪をかけたり、時には木の又にかけて貯蔵する。

棲息密度はかなり小さく、一頭あたり二〇〇〜五〇〇平方キロとみられている。また、行動圏は冬期に広くなる。体はイタチ科で最大であり、"スーパーイタチ"の異名をとる。外形はイタチやテンなどよりはむしろクマ、あるいはアナグマに似ている。

クズリ

◎クズリは行動圏内に縄張りがあるが、肛門腺からの分泌物と尿によってマーキングする。繁殖期以外は単独で生活し、メスは年に一回だけ発情する。

クロテン *Martes zibellina*

オコジョ *Mustela erminea*

クズリはオオカミ、コヨーテなどの捕らえた獲物を横取りしたり、クマやピューマからさえも獲物を奪うことがあるほど気が荒いことで知られる。クマなどを脅す場合、歯をむき出し、背の毛を立て、ふさふさした尾をピンと立てて、低いうなり声を出す。これだけでクマがせっかくの獲物を置き去りにして逃げ出すとは思えない。もっと何か迫力のある〝気〟のようなものを発しているに違いない。自分で大形の獲物を襲うことも当然ある。北半球最大の哺乳類であるヘラジカまでも殺し、食べ残しても自重の三倍くらいまでなら、かなりの距離を引きずっていく。

凶暴なだけでなく狡猾だという話は、猟師が罠をかけてもテンやキツネを食い荒らしたり、罠ごと獲物を持ち去ったり、その場で食べて満腹すると食べ残しに肛門腺からの臭い液をぶっかけたりすることから生まれたものなのだろう。

罠を巧みにさけ、たまには自分が罠にかかることもあるが、そんなときには猛烈に暴れ、脚を切ってでも逃げる。

かつて北ヨーロッパでは、クズリがトナカイを殺すという誤った評判が広まったため、賞金付きのお尋ね者となり、クズリ狩りが一〇〇年以上も続けられてきた。その毛皮は水分を通さず凍結しないので高い値がついた。凍らない毛皮は貴重品である。イヌイット族などの極北の住人たちはホッキョクグマの白っぽい毛皮服の装飾にこれを用いたりする。クズリの黒っぽい毛皮がアクセントになるだけではなく、クズリの毛皮は息を吐きかけても凍らないから顔の周囲を覆う部分に用いられる。

勇猛果敢な狩人　オコジョ

オコジョは極めて敏捷なハンターである。岩場で観察していると、穴という穴はすべて調べなければ気が済まないといった感じでせっかちに動き回る。頭を上げたり、立ち止まったり、ヒョイと後足で立ち上がったり、せわしない。彼らは一瞬も休むことなく、獲物を探し続ける。

このようなせっかちな動物だから、狩りも無謀ともいえる方法で行う。ネコ類は自分よりもやや小さい適度な大きさの獲物を選択し、鼻や喉を咬んでの窒息、あるいは脊髄神経の切断により、効率よくほとんど即死させる。ネコ類よりは形態学的にずっと原始的なイタチ類は、頭骨や頸の骨をかみ砕くという戦法をとる。比較した場合、イタチ類は、犬歯などの破損の可能性があり、また即死でないために反撃される危険性が高いから、行動学的にも原始的だといえる。オコジョは自分よりも一〇倍も体重があるノウサギなどを襲う。この数字はクズリあるいはシャチと共に、哺乳類としては最大の獲物を捕食するといって差し支えなかろう。

イギリスのアナウサギ*の研究者らは、オコジョに追いかけられているアナウサギをしばしば観察している。興味あることに、そんなアナウサギがときおり珍しい種類の麻痺を起こす、という報告がある。「一頭のオコジョがアナウサギを追跡していた。その距離約三・六メートル、オコジョは比較的ゆっくりと追ってい

アナウサギ　家畜のカイウサギの原種。ウサギ科。ヨーロッパの中南部と北アフリカに分布し、群れで生活する。昼は深く掘った複雑な穴や藪で過ごし、夜出歩いて草や樹皮を食べる。

た。そのとき突然アナウサギが金切り声を上げ、後足を力無く引きずり始めた。まだ成長半ばの若いアナウサギである。調べるためにアナウサギのところにいってみると、その両眼はすでに半分どんよりと曇り、心臓は激しく動悸を打ち、手足の震えは止まらなかった。そして、三〇分もしないうちに死んだ」。アナウサギの臨終を看取った研究者は「明らかにオコジョの姿を見たり、匂いを嗅いだり、果ては追いかけられたことで、心臓の発作が起きたのである」と断定している。そして「おそらくアナウサギはオコジョなどのイタチ科の動物に先天的に恐怖心をもっているのだろう。オコジョなどに追跡されていると思った途端、麻痺状態に陥る弱い個体が殺されたり、自動的に死ぬことは、アナウサギ全体からみれば有益であるにちがいない。機敏で気の強い個体が生き残り、そうでないものの遺伝子が絶えることになるからである」と続けている。

遊び好きの　ユーラシアカワウソ

内陸の河川や湖、湿原、および湾になった海辺に棲息する。主食は魚類で、食物の七〇～九〇パーセントは大きさが一〇～三〇センチの魚だが、ザリガニやカエル、水辺に棲息する鳥や哺乳類も捕らえる。

中国では飼いならした個体を使って、カワウソ漁が行われている。カワウソはおもに川や湖沼に棲むが、食物が不足すれば海にまで移動することもある。彼らはもっぱら水中から食物を得ているが、川が一面に氷の張るような厳冬期でも、

◎ユーラシアカワウソのオスの縄張りは地形や季節により変化し、春から夏は広くなる。繁殖は季節を問わない。交尾は水中や陸での追いかけなどが約1～2時間続いた後、水中で行われるのがふつうである。

アルタイイタチ *Mustela altaica*

ユーラシアカワウソ *Lutra lutra*

タイリクイタチ *Mustela sibirica*

冬眠というような消極的手段で切り抜けるのではない。氷面にいくつか穴を開けておき、定期的にそこを訪れながら、氷の下で獲物を探すのである。氷面に開いた穴は出入口であり、呼吸のための場所である。

カワウソを川辺からはるかに離れたところで見かけると、彼らは水面から頸を伸ばし、その爬虫類にも似た平たい頭を左右に向けてあたりをうかがい、安全と見ると、陸に這い上がる。陸上では背を高くして這い回り、ときどきジャンプして斜面を滑り降りたりする。この滑走は彼らのお気に入りの芸当で、二〜三回ジャンプして、それから腹を地面につけ一・二メートルから一・五メートルも滑る。急な斜面では一二〜一五メートルも滑走することができる。湿地や雪の積もった斜面を滑る彼らは、まるでソリ競技を楽しんでいるように見える。

小さな狩人たち　イタチ類

中国東北部の亜寒帯林に棲息するイタチ科動物は、クロテン、クズリ、オコジョ、イイズナ以外に、タカネイタチ（別名アルタイイタチ）、タイリクイタチがある。タイリクイタチは日本列島西部で移入種として知られるチョウセンイタチの基種である。主として夜行性であるが、昼間も活動する。小川沿いなど水辺で行動することが多く、ネズミ、カエル、昆虫などのほか、小鳥や魚を捕食する。また、果実などの植物も食べる。繁殖期以外は単独で生活し、昼間は穴、樹洞などにいることが多い。水泳も木登りも巧みで、獲物の多い地域ならかなりの山地

◎イタチ類は春から夏にかけて交尾し、約37日の妊娠期間で、1〜7子を産む。子は晩秋には成長して親から離れる。

から海岸までどこでも生活し、人家にも侵入する。

肛門の両脇に肛門腺があり、危険時に悪臭を発する分泌物を出すといわれる。これが「イタチの最後っ屁*」であるが、これを浴びた人はいないようである。性的な分泌物である。また、移動するときに、急に立ち止まって周囲を見回すことがある。この動作が、イタチは人を見るときに目の上に手をさしかざすという俗信を生み、疑わしげに人を見ることを「イタチの目陰」というようになった。さらにイタチは同じ通路を二度と使わないといわれ、一度しかこないことを「イタチの道」といい、「イタチの道切り」といって、往来、交際や音信の絶えることを忌む風習もあるが、実際には同じ通路を何度も利用する。

ツンドラに住む　トナカイ

サンタクロースの橇を引く動物として人気のあるトナカイであるが、変わったシカだ。シカという動物は、木の枝のように枝分かれした角があるが、これはオスだけの話。メスにはないのがふつうだが、トナカイだけはメスにも角がある。そもそもトナカイは、ユーラシアと北アメリカの北極地方に棲み、手のひら状の大きな角のほか、全身を覆う厚く長い毛、毛で包まれた鼻先、幅広い蹄など、極寒の地方に棲むのに適した体つきをしている。古くから人間との交わりが深く、極地に住む人々によって家畜化され、半野生のものも多い。

トナカイの主食は地衣類を中心とする植物質であるが、蛋白質の補給のためか、

イタチの最後っ屁　イタチが窮したとき悪臭を放つこと。転じて、窮したとき最後の非常手段に訴えること。

トナカイと暮らす敖魯雅郷の人たち

レミングやハタネズミを捕食することもある。

トナカイは五～一〇〇頭、ときには三〇〇〇頭におよぶ群れを形成し、ツンドラに棲むものには食物を求めて大移動するものがある。移動は四～五月に北方の開けたツンドラに向かって、そこで六～七月の夏の間を過ごし、八～九月には再び南方の森林地へ戻り始める。群れは毎年同じ場所を移動する。

交尾期は十～十一月で、群れ構成にも変化が起こる。オス同士は角を使って激しく闘う。角を絡めて押し合い、勝ったものがメスを獲得する。しかし、交尾期の最盛期は二週間くらいなもので、それが過ぎるとオスの角は根元から枯葉が落ちるように取れてしまう。角が落ちてしまうと、とたんにメスが優位を占める。メスの角は、この時期には落ちないのである。冬の間、子ジカは母親とともに生活し、母親が蹄、ときに角を使って雪を掘って食べ物を探し出す。幼い子ジカはこうして食べ物にありつく。母親の角が威力を発揮して、食べ物を横取りしようとやってくるオスを簡単に追い払う。メスの角は雪のない四～六月に落ちる。

地球温暖化の影響は、寒冷な極地に激しく現れる。だがそれは一様ではない。ある地域では氷が二メートルも溶けてしまったかと思うと、雪が異常に積もる地域や、大雨が降ったりする地域もある。地球温暖化は、北極では異常気象の連続なのであり、動物の食性が他地域よりもシンプルな北極では、よりストレートな形で影響が表れる。そこに棲む野生動物にとって死活問題なのである。

北極圏で絶滅の危機に見舞われている野生動物はトナカイだけではなく、セイ

◎トナカイの移動は600～800キロに及び、中には一シーズンに1280キロ、一年の移動距離が1900～2400キロに達した例もある。

ピアリーカリブー 10年以上も前から、温暖化は北極の動物たちを絶滅させるとの警告が発せられていた。北極圏のバサースト島（カナダ）で研究を続けるアン・グン博士の調査報告では、北極海のカナダの島々に棲息するトナカイの一亜種ピアリーカリブーの個体数が、1961年には24320頭だったものが、1997年には1100頭、つまり95％以上も減ったという。原因は、冬の気温の上昇により、通常は乾燥しているバサースト島の積雪量が増加し、地表の雪が固まって植物を掘り起こしにくくなったことによる。

トナカイ *Rangifer tarandus*
ヘラジカ *Alces alces*

ウチ、ホッキョクグマ、アザラシ類も同様だが、陸上にいるおかげで悲惨である。トナカイはアフリカン・サバンナを大移動するウシ科動物・ヌーのような生態的地位にいる。極北の陸上生態系を維持する要の種なのである。しかも、トナカイはそれを狩る狩猟民・イヌイットなどの人間を含めた生態系の要でもある。

寒帯林の巨獣　ヘラジカ

ヘラジカは、大きくて扁平な特有の角をもった最大のシカである。北半球の亜寒帯林地域に広く分布し、この地帯でも最大の動物とされている。四肢は不釣り合いに長く、ふつう小さな中足腺がある。肩は盛り上がり、首は短く、喉には長い毛の生えた肉垂がある。耳は大きくて尖っている。見るからにきわめて不格好なシカであるが、その長い四肢をたくみに力強く動かして深い雪を蹴立てて進み、広がった蹄と発達した側蹄のおかげでひどいぬかるみにも沈まずに活発に歩ける。

ヘラジカは水場の多い森林に棲み、二次林にも棲めるので、原生林が破壊されても生きてゆくことができる。水辺から遠くへはゆかず、行動圏はふつう直径三〜一五キロといわれる。岩塩や温泉のあるところや、夏ならば好物の水生植物のある水辺などに、比較的大きな群れができあがる。水辺の生活者だけあって、ヘラジカは泳ぎが巧みで、水中に潜って三〇〜五〇秒も水生植物を探す。陸上では四〇〇メートルほどなら時速五六キロのスピードで走る。また、一跳びで二メートルもの高さを越え、四メートルもの幅を跳ぶという。

◎**ヘラジカの角**　若い個体は1〜2月、成獣は11〜12月に落ち、4〜5月に新たに生えてきて8月に完成し、袋角の袋をこそぎ落とす。角は初めは白いが、後に木に擦り付けるにつれて茶色になる。明け1歳のオスは15〜20センチの突起、2歳で二叉、3〜4歳で3〜4枝の狭い手のひら状となり、その後は年毎に枝を増やして9〜12歳の時期に完成する。

ムース　アメリカでの呼称。もとはインディアンの呼び名で、"木を食う者"という意味である。草なども食べるが、もっとも多く食べるのは低木の葉や芽で、アメリカのモンタナ州の例では、ほぼ64〜93％がこれらの植物であった。冬の間は、枝や樹皮をかじり、まるで鋸屑を胃に詰め込んだように大量に食べて栄養を補う。

ヘラジカの主要な武器は、前足の蹄を使っての〝蹴り〟である。天敵に対する反撃はほかのシカより激しい。多くの場合、ヘラジカは木を背にして迎え撃つが、オオカミも近づかないばかりか、ヒグマが殺された例さえあるという。しかし、ヒグマは明らかにヘラジカの子を捕食するし、オオカミ、クズリなどがヘラジカの天敵である。東シベリアではトラも天敵である。ただし、成獣を襲うことは少ない。一方、クズリは若いメスや子どもをよく襲うほか、オスの成獣も捕食している。

ヘラジカを飼育し、ウマやウシの動けないような土地で荷運びに使おうという試みがなされている。ヘラジカは良くなれ、実際、荷運びの力もその働きも、とくに優れており、飼育下でもよく繁殖する。ただ最大の欠点は、彼らの水に対する執着である。水に入ったり、泥浴びをする習性は止められないようである。

息を潜めて暮らす　ノロ類

ノロはユーラシア大陸特産の小形の美しいシカである。ノルともノロジカとも呼ばれる。ノロは、ふつう標高二四〇〇メートル以下の森林地帯に見られる。ただし、深い森林には棲まない。休息時は茂みの中に横たわる。

聴覚は鋭いが、視覚と嗅覚はアカシカより劣るといわれている。神経質で、すぐに茂みに隠れるが、頭を持ち上げて歩き、ときどきとまっては後ろを見るという、好奇心の強そうな行動をする。泳ぎはきわめてうまい。驚くとせわしく叫び、

◎「**鹿を馬**」「鹿を指して馬と言う」とも。秦の趙高が始皇帝の死後、丞相となって擁立した幼少の皇帝に鹿を献上しておいて、自分の権力でそれを馬だと押し通したという［史記—始皇帝本紀］の故事から、間違ったことを権力で強引に押し通すこと。

◎ノロ類は交尾期になるとオスは縄張りを形成するが、縄張りを巡るオス同士の格闘は激しい。オスは自分の縄張りの中にメスを引き入れるが、ふつう一定期間は一頭のメスとツガイを作る。結局、毎回繁殖期にウロウロ探すよりもツガイを作っていたほうがエネルギーのロスが少ないから、といわれる。

メスは繁殖期には聞き取りにくい高い声でキイキイ鳴く。

食物は一日に体重の三〜四パーセントの量を摂るといわれる。食性は基本的には木の葉で、ときに草も食べるがアカシカほどには草に頼らない。木の若芽を好んで食べるために、森林に大害を与えることがある。

ノロの群れはふつうメスと子とで構成され、オスが群れに加わるのは初夏から秋の初めの間だけである。

ノロの大敵はオオカミ、ジャッカル、オオヤマネコ、トラである。またキツネも子どもを捕食するし、ワシも子を捕るようである。ノロは約一〜四年で性的に成熟し、寿命は五〜七年、一説には一〇〜一二年と考えられている。夜行性のために人目につかず、一〇頭いてもまるで気づかないことさえある。

ノロは、棲息環境の変化にたいしても個体数の減少が見られない、数少ないシカである。過去数世紀にわたって天然林地帯の破壊がなされてきたが、そのことがかえってノロの棲息地域を広げる結果となった。

最強の狩人　ハイイロオオカミ

ハイイロオオカミは最大にして最強のイヌ科動物である。彼らは大形のシカ類を捕食するのに適応・進化してきた。人間を除けば地上生哺乳類中最も分布が広く、熱帯雨林と砂漠以外の北半球全域、森林、平原、山地、標高二一〇〇〜四五〇〇メートルの高山、ツンドラなどに生息していた。しかし、人間の圧力と生活

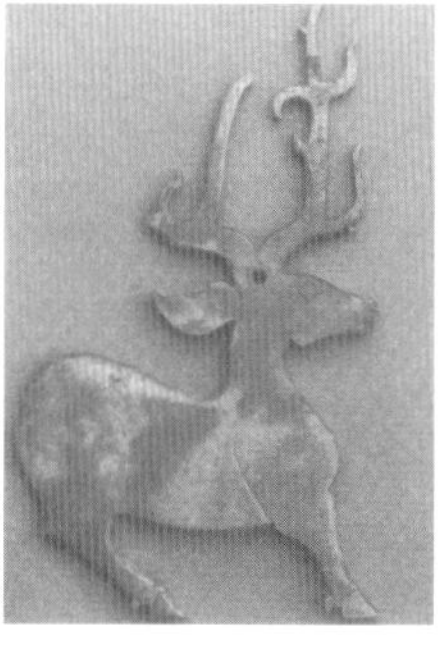

玉鹿　西周　宝鶏市博物館

◎**オオカミの食欲**　オオカミは体重30〜50kg、時に80kgに達する個体もおり、一回に7kgも食べる個体もいる。

地域の破壊が分布域の激減をもたらし、イベリア半島やイタリアの孤立した山地の保護区、北欧や東ヨーロッパの数少ない保護された大きな森、中東の山地と半砂漠地帯、中央アジアの荒れ地、北アメリカの山地の国立公園や保護区、そして北部の深い森林やツンドラという不毛の地にのみ残るだけとなった。

彼らは家族群で暮らし、広い行動圏をもっている。群れは、基本的には一頭のオスと一頭のメスで、前の年の子、前々年の子を含めてふつう七〜一三頭から成るが、三六頭の大きな群れも報告されている。

ふだん見られる社会的行動も、開けた場所で大形のシカ類を狩るためである。最良の獲物は、群れの全員の腹を満たす体重がオオカミの一〇倍以上ある六〇〇キロほどのヘラジカ（ムース）である。もちろん夏など簡単に手に入れば野ウサギやビーバーなどを捕食し、結構重要な食料となっている。時に彼らは腐肉や植物も食べ、ゴミ箱やゴミ捨場を漁ることもある。

狩りはふつう夕方から夜行われるが、寒冷な季節には昼間の行動が増える。夏の間、パックはふつう夕方早い時間に出かけ、朝になって巣穴や集合地点に戻ってくる。冬にはずっと遠くまで徘徊する。彼らは決まった踏み跡、道、流れ、凍った湖を歩く。一日の移動距離は数キロから二〇〇キロに達する。

狩りに出かけるとき、リーダーのオスが先頭で、獲物の痕跡を見繕いながら、移動していく。ふつう時速八キロでゆっくり移動する。どっちへ進むべきか、どこで休むべきか、どの獲物を襲うのかなど、仲間同士が喧嘩になりそうなことは

◎**オオカミのツガイ**　2頭以上から成る群れでは、群れの中心はオスの中でもっとも強いオス（アルファオスと呼ばれる）と、メスの中でもっとも強いメス（アルファメスと呼ばれる）とがツガイを形成する。

多いが、そうした対立を防ぐのが厳格な〝順位制〟であり、仲間同士のあいさつ行動なのである。

獲物に可能な限り接近するために用心深く忍び寄る。一回の狩りで数キロから数一〇キロを歩く。適当と思われる獲物のヘラジカを発見すると彼らは追撃に移る。走るのは速く、短距離ならば時速五五〜七〇キロに達する。一跳びで五メートル、追跡では最高速度を少なくとも二〇分間維持できる。

リーダーを先頭に追跡を開始するが、近道をするものもいて、先頭は常に変わる。追跡はリレー式となる。追跡は執念深くまた極めてタフで、時速二六〜四〇キロのスピードで夜通し追い続けることもある。獲物が疲れをみせ始めると、勇猛な若者が逃げる獲物の尻、わき腹、肩に必死に噛みつき、獲物の動きを止める。獲物に追いつくと、彼らは主に尻、わき腹、肩に咬みつく。それから頸や鼻面に噛みつき、とどめを刺す。経験豊かな四〜五頭が狩りの主役で、若い個体は大形の獲物を前にして手も足も出ない。特に大きなヘラジカの場合は、蹄あるいは角を使って必死に防戦するから、もっぱら狩りを見物することで獲物の倒し方を学習していく。

生後二二ヶ月で性成熟に達する。若い個体では独立するものもいるが、群れに留まってヘルパーとなるものもいる。〝一匹オオカミ*〟は、パックで生活するオオカミに比べてひっそりと生きている。そのほとんどが生まれた群れを離れた若い個体であるが、パックよりも一〇〜二〇倍も広い地域を動き回る。そうして定

一匹オオカミ 群れを離れて自活する強いオオカミの意味から、仲間を頼らず、独自の立場を主張する人。

ノロ *Capreolus capreolus*

ハイイロオオカミの幼獣 *Canis lupus*

ヒグマ *Ursus arctos*

住地と配偶者を見つけ、自分自身の群れをつくるのだ。だが、ほとんどの一匹オオカミは敵対するオオカミの餌食となったり、猟師の罠にかかったり、銃で命を落とす。だが、好運にもひとたび空いている場所を見つけると、一匹オオカミは臭い付けを行い、よそ者の遠吠え*に対して即座に返答する。

テディベアのモデル　ヒグマ

ヒグマは北半球の中北部に産する巨大なクマである。北海道にも棲息し、ホッキョクグマと並ぶ世界最大の食肉類だ。体長は一・九〜二・七メートル、体重も大形のもので七〇〇キロになるものがある。日本唯一の猛獣として知られるが、北海道のものは体長二メートル前後で、比較的小型の方である。毛は長く、褐色の他に黒褐色、黒色、赤褐色、灰褐色など変化に富んでいる。視覚はあまりよくないが嗅覚と聴覚は非常に鋭い。

ヒグマは、人里離れた森林や山地で川の近くに棲み、単独かまたはメス親が子連れで歩き回る。それぞれの生活圏は平均半径三二キロにわたる。子グマは木登りがうまいが、成獣になると体重のせいか、木登りをしなくなる。

ヒグマは肉食の傾向が強く性質はやや荒いが、特に怒らせたり傷を負わせたりしない限りは、また、メスが子を連れているときに出会ったりしなければ、ふつうは人間を襲わない。しかし、力はきわめて強く、北アメリカでは自分よりも大きい野牛のバイソンを、前足の一撃で倒し、首を咬み破って殺してしまうし、そ

オオカミの遠吠え　遠吠えにいつも応答するとは限らない。応答すべきか、応答せざるべきかを決めているという。応答するときは、群れのメンバーが多くて防御に自信があり、新鮮な獲物や幼い子どもなどの守るべきものがあるときである。こんなときオオカミは隣の群れの遠吠えに対して5例中4例以上で応答している。

テディベア　1902年11月、第26代アメリカ合衆国大統領セオドア・ルーズベルト（愛称テディ）は、ミシシッピへハンティングに出かけた。大統領はクマ狩り好きだったが、同行者が大統領のために、事前に捕獲しておいた子グマを木につなぎ、その子グマを撃たせようとした。「スポーツマンシップに反することはできない！」とこれを拒否した大統領のエピソードがワシントンポスト紙に紹介され、大統領の人気が非常に高まったという。これがクマの縫いぐるみ〝テディベア〟の誕生逸話という。

熊　玉　前漢　高4.8cm　長8.0cm　陝西省咸陽市新荘漢元帝渭陵付近出土　咸陽博物館蔵　玉は、地位を表すシンボルであったが、漢代になると装飾品として重宝される。これはクマをよく知る狩猟民族の手で作られたようである。

鍍金鳥獣文温酒樽　銅　前漢　通高24.5cm　口径23.4cm　山西省右玉県大川村出土　山西省博物館蔵

熊足鼎（部分拡大）カラー頁参照　クマを鼎の足に図案化するのは、珍しい。

のまま一トンもある巨体を引きずっていくといわれる。

ヒグマは一般的には雑食性である。だがその食性は環境により、また個体によってても大きなちがいがあり、中にはまったく植物質のものしか食べないのものもいるるし、完全な肉食者もいる。多くのものは、植物も動物も取り混ぜて、ブドウやコクワなどの果実、種子、草本の芽や根、アリやハチなどの昆虫、その他の小動物、サケやマスなどの魚、それにハチミツをなめたり、それこそ多種多様のメニューをもっている。サケなどは川に入って両手でつかみ取ったり、浅瀬から岸にはじき飛ばしたりする。意外に敏捷で、時にはシカを殺して食べることもあり、またしばしば、人里に現れて家畜を襲うこともある。こうして、ヒグマは夏の間にたくさん食べ、皮下脂肪を貯えて、冬は岩の割れ目や大木の洞、山腹に掘った穴の中などで、眠って過ごすのである。

ヒグマは六月に交尾し、妊娠期間が長い割には出産時の子が小さい。冬眠前に殺したメスでも、気がつくほどの胎児をもっていることはほとんどない。そのために、交尾期は長い間知られなかった。母親の大きな体に比べて子どもの小さいことは驚くほどで、まさに〝小さく産んで大きく育てる〟模範的な例である。

◎ヒグマは一産二仔、生まれたばかりの子は体長わずか20cm、体重450～680gしかなく、ほとんど無毛で、眼は閉じ、歯も生えていない。1年目で体重が24kgになるが、少なくともその年は母親の元で過ごしている。メスは生後3年目で性的に成熟する。寿命はふつう34年以下である。

動物に由来する漢方薬

阿膠（アキョウ）…除毛したロバの皮を煮詰めて抽出した膠質。乾燥させ、粉末状に細かく砕いて使う。補血・止血・滋陰・潤燥作用がある。肺結核の喀血や、空咳、痙攣発作などに用いられる。

海狗腎（カイクジン）…アザラシの陰茎と睾丸を、乾燥させたもの。滋養・強壮に効果があり、男女の精力剤として用いられる。

狗腎（クジン）…犬の陰茎と睾丸を乾燥させたもの。滋養・強壮に効果があり、男女の精力剤として用いられる。

狗宝（クホウ）…犬の胆管、あるいは胆のうに形成された結石。粉末状に細かく砕いて使う。清熱作用があり、熱さましなどに用いる。

候棗（コウソウ）…猿類の胆管、あるいは胆のうに形成された結石。粉末状に細かく砕いて使う。清熱作用があり、熱さましなどに用いる。

牛黄（ゴオウ）…牛の胆管、あるいは胆のうに形成された結石。粉末状に細かく砕いて使う。清熱・解毒・鎮静・強心・降圧・造血・去痰・抗酸化作用がある。感染症による高熱や意識障害、肝機能低下、痰の分泌が多い場合に用いる。

虎骨（ココツ）…虎の骨を乾燥させたもの。中国の白酒や黄酒に漬け込み、薬酒として服用する。鎮痛作用や筋肉を強化させる作用があり、関節炎や腰痛に用いられていたが、ワシントン条約によって取引が禁止されたことから、闇取引が行われるようになった。豹や熊の骨も、同じ目的で使われる。

牛胆（ゴタン）…牛の胆のうを乾燥したもの。粉末状に細かく砕いて使う。清熱・解毒・鎮静・強心・造血・去痰作用がある。感染症による高熱や意識障害、肝機能低下、痰の分泌が多い場合に用いる。

五霊脂（ゴレイシ）…ムササビの糞便。鎮痛・止血・血行改善作用や、毛細血管の透過性を高める作用があり、鬱血による痛みの改善などに用いる。

刺蝟皮（シイヒ）…ハリネズミの皮。刺を抜いて洗浄した皮を細かく刻み、黒焼きにして酒に溶かして用いる。腹痛のほか、主に痔疾に効果がある。

麝香（ジャコウ）…ジャコウジカ類の香嚢（臭腺）、あるいはその分泌物を乾燥させたもの。粉末状に細かく砕いて使う。消炎・鎮静・強心・利尿・降圧・局所麻酔作用などがある。睡眠障害、夜尿症、不安神経症、軽度の老人性うつ病などに用いる。

水牛角（スイギュウカク）…水牛の角を乾燥させたもの。鉋で薄く削るか、ヤスリで粉末状にして使う。解熱・鎮痛・鎮静・降圧作用がある。GOT値を下げる効果がある。

穿山甲（センザンコウ）…センザンコウの鱗。粉末状に細かく砕いて使う。解毒作用や硬いしこりを柔らかくする作用があり、主に慢性の皮膚疾患に用いる。

馬宝（バホウ）…馬の胆管、あるいは胆のうに形成された結石。粉末状に細かく砕いて使う。清熱作用があり、熱さましなどに用いる。

龍骨（リュウコツ）…哺乳類の骨や亀の甲羅の化石。粉末状に細かく砕いて使う。鎮静剤として用いられる。

龍歯（リュウシ）…マストドン、サイ、カモシカなど哺乳類の歯の化石。粉末状に細かく砕いて使う。鎮静剤として用いられる。竹取物語の、「龍の頸の玉」は、正倉院御物の五色龍歯を指すと言われる。

羚羊角（レイヨウカク）…サイガの角。削り節のように薄く削って使う。解熱・鎮痛・鎮静・降圧作用がある。熱性の痙攣に用いる。

鹿茸（ロクジョウ）…シカ類の袋角を乾燥させたもの。強壮・健胃・発育・成長促進・造血・強心・子宮収縮作用がある。生殖機能の回復、成長の促進、高度の貧血、心不全などに用いる。

熊胆（ユウタン）…ヒグマの胆のうを乾燥したもの。粉末状に細かく砕いて使う。清熱・消炎・鎮痛・鎮静作用がある。発熱や痙攣には内服する。外用では、化膿や炎症による腫れ、疼痛の除去に効果がある。

オコジョ用のワナ　レジャンカ

猟師はオコジョのように小さな動物は、ワナを用いて捕る。「ダーン！」などとオコジョを撃ったら、白い毛皮は絶対に手に入らない。毛皮は血で汚したら価値がなくなるのである。それよりも、うっかりすればオコジョは吹っ飛んで跡形もなくなってしまうではないか。

猟師はいろいろと巧妙なワナを使う。よいワナを考え出すには、すぐれた発明の才能と、獲物の性格やクセについての正確な知識が必要である。こうしてオコジョを捕らえるために考え出された、単純にして画期的なワナが〝レジャンカ〟である。

このワナの材料といえば、ブリキのバケツと水くらいのものである。寒いところに水を満たしたバケツを置いておく。バケツの水は、表面と側面と底から凍り始める。内側はまだ水である。周囲の氷が三〜四センチの厚さになったら、表面に穴を開ける。その穴の大きさは、ちょうどオコジョが入れるくらいの大きさで、直径が五センチもあったら大きすぎる。穴を開け終わったらバケツを逆さまにして、この穴からバケツの中に残っている水を全部捨ててしまう。バケツを持って部屋に行き、次の作業に取り掛かる。作業といっても簡単で、暖かい部屋にバケツを置けばよい。間もなく氷が解け始めるが、これもやはり側面と底からである。そしたら静かにバケツをさかさまにする。すると、中の氷はスポッと取れる。一ヶ所に円い穴の開いた氷の容器、それがレジャンカなのである。レジャンカをいつまでも部屋に置いておくわけには行かない。出来上がったレジャンカは入り口の外に置いておけばよい。たくさん玄関の脇に積み上げておくだけで、ワナの準備は完了するのである。

猟師は、ちょっとかさばるが、レジャンカと少量のワラを用意して、捕まえて飼育していた野ネズミをもって出かける。オコジョの足跡がたくさんついている雪の上を見極め、ここぞ、と思う箇所にレジャンカを仕掛ける。レジャンカの穴を上にして、中にワラと野ネズミを入れ、レジャンカの表面と雪面が同じ高さになるよう埋め込む。人工的なネズミ穴がセットされたわけである。

レジャンカは実に巧妙だ。オコジョがホームレンジ内を回りながら穴という穴を覗き込み、野ネズミがいないかどうか探し回るが、この習性をたくみに利用している。獲物を求めて徘徊していたオコジョがやがてやってくる。そしてレジャンカの穴をのぞく。中には大暴れている野ネズミがいるではないか。オコジョはすばやい身のこなしでスルリと穴の中に入り込み、たちまちのうちに野ネズミの頭を噛み砕いた。しかし、オコジョの運命はそこまでである。

レジャンカに一度足を踏み入れたら最後、二度と外へは出られないのだ。周りは硬い氷の壁と床、登ることも床に穴を開けることもできない。ジャンプしても足場は悪いし、穴は真上にあるから、レジャンカから飛び出すことはできないのである。

狩人の方はといえば、オコジョが入るのを楽しみにしていればよい。ヌクヌクと暖をとりながら、暖かなお茶を楽しんでいればよいのだ。生け捕りにするならば三時間ほどの間隔でワナの見回る。もっと見回りの間隔を長くしたかったら、レジャンカを大きくすればよい。極端な話、ドラム缶で作ればと思うが、これでは持ち運べない。だったら野ネズミをたくさん入れておけばよい。

猟師は見回っていくと、すぐにオコジョがかかっているレジャンカを発見する。中ではオコジョが脱出しようと大暴れしているからだ。猟師はレジャンカごと雪から抜き出し、家へもって帰る。部屋に置いておけば、やがてレジャンカは溶け、中から元気なオコジョが飛び出すというわけである。

冬毛のオコジョ

亜寒帯林に棲む主な動物

種名	体長＋尾長 [cm]	体重 [kg]	分布	CITES RDB
シベリアトラ *Panthera tigris altaica*	280＋110	250	シベリア東部から中国東北部	I CR
アムールヒョウ *Panthera pardus orientalis*	150+90	28~90	アムール、ウスリ、中国東北部	I CR
ユーラシアオオヤマネコ *Felis lynx*	100＋20	14~30	ヨーロッパから極東	II
アムールヤマネコ *Prionailurus euptilurus*	60~90＋25~44	5~7	東シベリアから中国東北部、対馬	II
クロテン *Martes zibellina*	35~56＋12~19	1.3	ウラルから中国東北部、北海道	
クズリ *Gulo gulo*	65~105＋17~26	7~32	ヨーロッパから中国東北部、北米	VU
オコジョ *Mustela erminea*	14~33＋4~12	42~258g	ユーラシア北部と北米	
ユーラシアカワウソ *Lutra lutra*	57~70＋35~40	4~16	ユーラシア大陸の大部分	I VU
アルタイイタチ *Mustela altaica*	22~29＋11~15	120~350g	ヒマラヤからウスリー	
タイリクイタチ *Mustela sibirica*	20~37＋7~16	150g	アジア東部	
トナカイ *Rangifer tarandus*	200＋15	60~315	ユーラシア、北米	
ヘラジカ *Alces alces*	300＋10	300~825	ユーラシア、北米	
ノロ *Capreolus capreolus*	100~140＋1~4	15~32	ユーラシア中・北部	
ハイイロオオカミ *Canis lupus*	82~160＋32~56	18~80	北半球に広く分布	I~II EW,VU
ヒグマ *Ursus arctos*	170~28＋6~21	150~250	ユーラシア、北米	I

第三章
冷温帯——大自然の間《はざま》で

地図を見ると冷温帯は一見して、中国の数多くの少数民族が住む地域と重なっていることが分かる。もちろん漢民族も進出しているが、それは後から移住してきた人たちである。その主な少数民族を上げると、東北から西北へ朝鮮族・満族・モンゴル族・回族・ウイグル族など十五の少数民族で、全部合わせても三千万人。漢民族を加えて二億人弱しか居住していない。中国の総人口が十三億人であるので、人口密度はいかにも少ない。

黄河周辺の肥沃な土地に比べて、この地域は歴史的に見ても貧相であったため、漢民族の王朝が弱体化すると、かつて蛮《ばん》・夷《い》・戎《じゅう》・狄《てき》*と呼ばれた少数民族が攻め込んだ。モンゴル族が建てた元王朝や、満族の清王朝などがつとに有名であるが、結局漢民族の文化に飲み込まれて漢化する。

人々は東の平原では農耕、西の高原や高地では放牧で生活し、その狭間をぬって野生動物が細々と生きている。

冬は寒く、夏は暑い。森になるか草原になるかは、単純に言えば、雨量で決まる。水分が多い土地では森林が発達し、少なくなるにつれて草原、そして荒地、砂漠へと変化する。したがって変化に富んだ地域でもある。中国の場合、海に近い東部は雨量が多く、西の内陸へいくにつれて雨量は少なくなるから、東部は森林が比較的多いが、西に進むに連れて木々は減って草原が広がり、ついにはわずかな植物しか生育しない茫漠たる砂漠となっている。

動物はその多様な環境にあった種が棲息している。トラやヒョウ、シカ類やイ

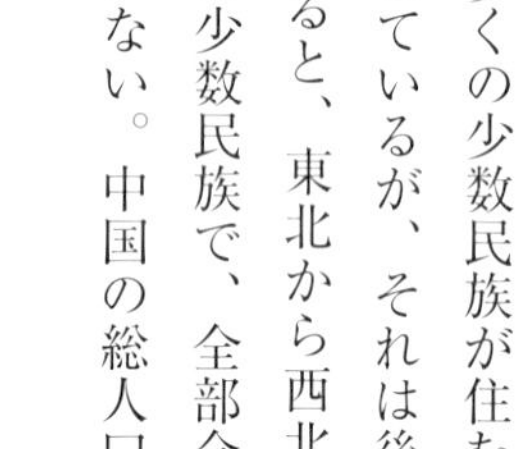

新疆アルタイ山放牧地

蛮・夷・戎・狄　中華民族文化になじまない他民族を、東夷・西戎・北狄・南蛮と呼んだ。

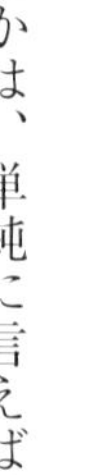

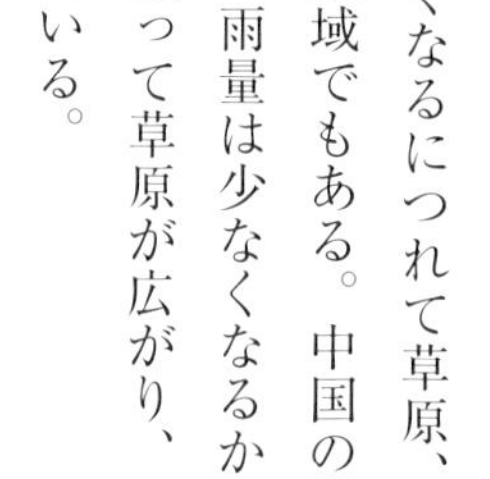

展開図

金銀玉象嵌筒形金具　河北省博物館蔵　馬車につけた傘のとりはずしのために、柱のなかほどに組み合わされた金具と考えられている。

ノシシなどが多く棲息したが、現在ではほとんど全域が広々とした農耕地の景観を呈している。動物相は貧弱で、雑木林などが点在する農耕地の環境に適応した種が細々と生き、大形哺乳類はほとんど見られず、小形のものが多い。

わずかな林には、数種のキヌゲネズミ、チュウゴクモグラネズミ、ヨーロッパハリネズミなどが棲息するのみである。またやや乾いた地域にはニオイモグラ、モリハリネズミ、オオキヌゲネズミなどが見られる。

西方へ進むにつれてカヤネズミ、ゴーラル、ノロなどが棲息し、セスジネズミ、チュウゴクモグラネズミなどの乾燥した草原棲の小さな獣が多くなる。

西部には広大な草原、荒漠、高原が現れる。水に依存した生活を行う人間の進出が少なかったため、比較的大形の哺乳類が生き延びている。野生のフタコブラクダ、モウコノウマ、アジアノロバ、モウコガゼルなどいずれもこの地域の有蹄類を代表する種である。いずれも棲息数は少ない。齧歯類ではトビネズミ類、アレチネズミ類が優勢である。ダウリアナキウサギも代表種である。ラサノウサギ、クチグロナキウサギ、チベットガゼルなどの高地型の種も特徴的である。

この地域には天山山地のような特殊な山岳地域がある。山は原始的な動物の避難所でもある。局地的にかなり湿潤な地域もあり、山間の盆地と山地には草原が広がり、中央アジア系のオオキヌゲネズミ、ラグルスレミング、モンゴルスナネズミなどが入り込み、森林には北方系のアカシカ、ノロ、ヒメヤチネズミなどが棲息している。

◎「**三人市虎を成す**」昔、魏の龐共は太子と共に、趙の都邯鄲に人質にやられた。その間いろいろ悪口讒言をするものがいたので、苦夷を魏王に訴えて言った。「今一人のものが市の真ん中に虎が出たと言ったら王はお信じになりますか」「信ずる馬鹿があるか」「では二人がいったら」「信ずるものか」「では三人が言いましたら」王は少し考え込んだが、それは信じるといった。龐共は「いる筈はないけれども、三人まで言うと虎がいたことになる。今私を讒言しているものは、三人以上です」と王に訴えたという故事から。「三人言えば市虎を成す」「市虎は三人に成る」とも。

各地で分化したトラ

中国東北部で既にシベリアトラを扱ったが、ここでは種としてのトラについて述べておきたい。トラはかつては東アジア、東南アジア、西アジアまで広く分布しており、いくつかの亜種に分類されてきた。しかし、開発が進むに連れて各地から姿を消していった。

シベリアトラ　モンゴルトラ、アムールトラ、東北トラともいう。アムール、ウスリ、中国東北部に分布する。東北部にいるトラがすべてこの亜種かというとそうではないと見る学者も少なくない。東北部の南にある長白山脈*の続きにいるトラはチョウセントラとすることがあるからである。本亜種とチョウセントラを含めた個体数は、一九九四年三月現在一五〇〜二〇〇頭とされる。

夏毛はベンガルトラに酷似するが、冬毛は非常に長く綿のようで体色が淡く鮮やかである。縞は幅が狭く黒色だが、脇腹や後肢の外側では茶色で目立たない。したがって、冬毛を見れば、他の亜種とは容易に区別できる。

頭骨全長四〇〇ミリ、全長四二〇センチ、体重三八四キロに達するといわれるが、確かな記録ではない。

チョウセントラ　朝鮮半島、中国東北部南部、中国北部、モンゴル東部にかけて分布。コーベット氏らはこの亜種をアムールトラに含めている。

アモイトラに似るが大形で、サイズ的にはベンガルトラとほとんど同じである。

布老虎　吉祥、安全のシンボルでもあるトラのぬいぐるみ。赤ちゃんへの愛と希望をこめて母親がつくる。

長白山脈　中国と北朝鮮との国境にあり、海抜２７４４ｍの白頭山が最高峰。

ベンガルトラ

シベリアトラ

アモイトラ

インドシナトラ

体毛はアモイトラよりも長いが、シベリアトラに比べるとずっと短く、冬毛でもあまり長くならない。冬毛の毛色はカスピトラよりずっと淡く、だいだい色と赤褐色を混ぜたような鮮やかさである。縞は幅が広く、黒く、はっきりしている。しかし、後足の外側では縞はたいてい茶色である。

キタシナトラ（絶滅）　中国北部および中部に分布。中国南部に分布するアモイトラとは分布域は隔絶しているとポコック氏は述べている。しかし、コーベット氏らはアモイトラと同亜種としているようだ。

ベンガルトラの北部産の平均的なものに比べると小形で、やや暗色、縞はより密で幅が広い。冬毛ではシベリアトラのように毛が長いといわれる。

ロプノールトラ（絶滅）　中国西部の新疆ウイグル自治区のロプノール*付近に分布。カスピトラに似るが、色が鮮やかで美しく、肩の毛房がよく目立つ。頚の毛がやや長く、短いたてがみ状を呈する。頬と体下面の毛も長いが、カスピトラほどではない。後肢の外側の縞が茶色、前肢の前側に縞がなく、冬毛が長く密生する、などの点はカスピトラそっくりである。カスピトラと同亜種とする学者も少なくない。ただ、カスピトラの分布地域とは天山山脈とタクラマカン砂漠で隔てられており、隔離された個体群であったことは確かである。

アモイトラ　チュウゴクトラともいう。揚子江以南の中国に分布する。一九五〇から一九六〇年代にかけて害獣駆除キャンペーン*が張られ、多数が射殺された。現在では三〇～八〇頭が残っているとみられているが、近い将来絶滅する可

◎「**虎穴にいらずんば虎子を得ず**」　後漢の班超のことば。危険を犯さなければ、大きな収穫を得ることはできないというたとえ。

ロプノール　「さまよえる湖」といわれる。新疆ウイグル自治区の中東部、タリム盆地の砂漠中の湖。

害獣駆除キャンペーン　トラは、1956年には150頭以上が、1956年冬には軍により530頭が殺された。

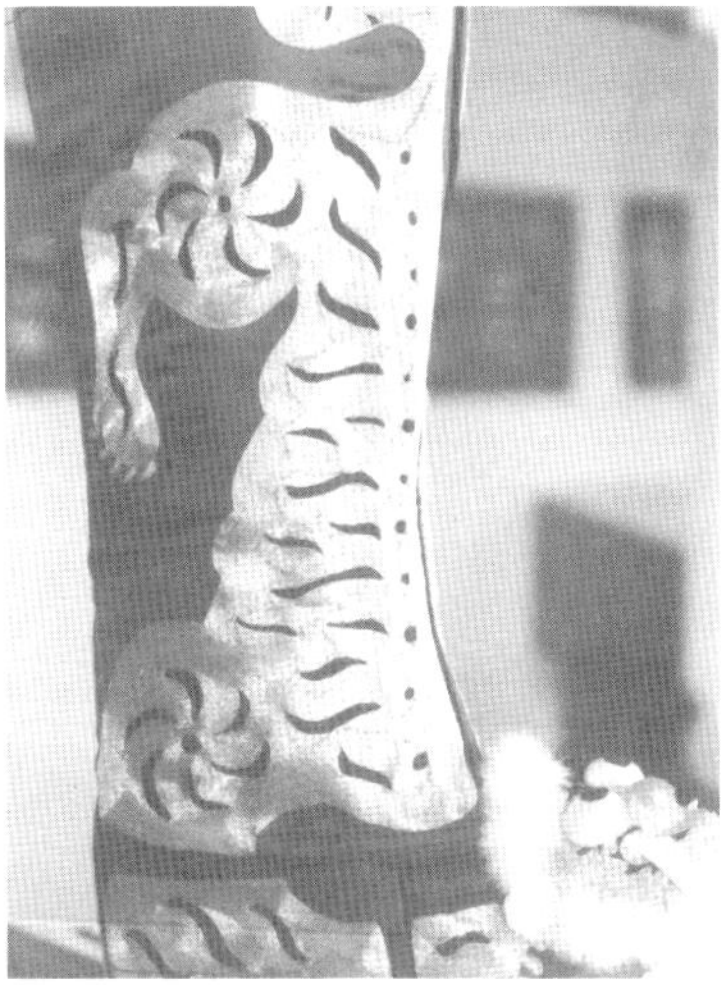

虎頭長靴 中国古式靴博物館蔵 トラの図柄や紋様は所有者の強さを強調すると同時に守り神の意味にもなる。

金銀象嵌虎形屏風台座 通長51cm 高21.9cm 戦国 河北省中山国王墓出土 屏風の台座。トラが小鹿をくわえている。動物をこれほど生き生きと表現するには、造形する動物が身近にいると考えるのが自然である。

「曽侯乙」編鐘（部分）戦国 曽侯乙墓 伏虎形銅掛金は長37cm 幅18cm 楚の恵王が曽国に送った祭祀用の楽器にある虎形の銅製掛金。当時は地位を象徴したため、諸侯にふさわしい龍紋やトラの彫刻が施されている。

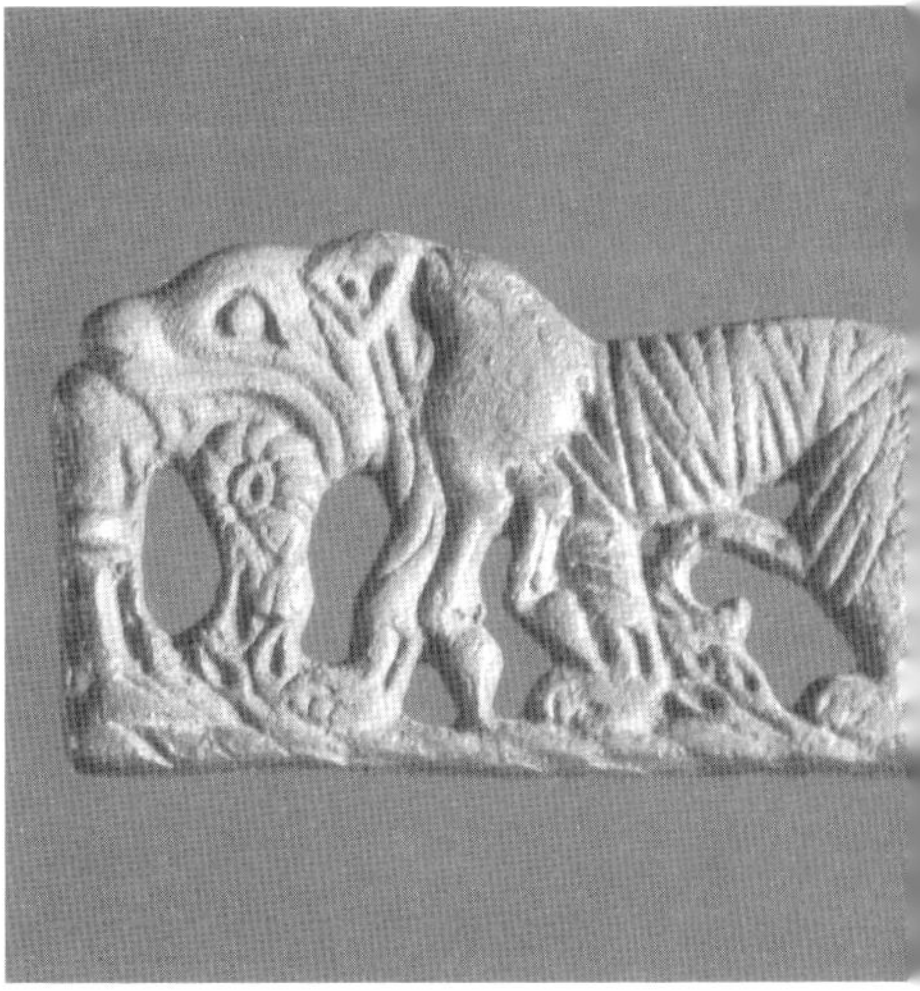

羊をくわえる虎 青銅飾板 漢 高5.1cm 長9.2cm 烏蘭察布地方収集 トラが羊をくわえた構図。のどに食いつき、羊はねじれてトラの首に巻きついた格好。見たものにしか表現できない造形である。

能性が非常に高い。

中形で、ベンガルトラよりもかなり小形だが、体色などはベンガルトラによく似る。しかし、毛がやや長く柔らかで、色が濃く、縞の幅がふつう広いので、ベンガルトラとは区別される。

カスピトラ（絶滅）　ペルシャトラともいう。カフカスからイラン北部、パキスタン北部、北の方はアラル海とバルハシ湖付近まで分布するが、さらに以前はアルタイ山脈にも棲息したといわれる。一九七〇年代に絶滅した。

大きさは中の大。体はだいだい色を帯びた暗い赤褐色で背が黒ずみ、下面は白色。縞の幅が狭くて数が多く、互いに接近する。色が茶色になる傾向があるのだが、この色に関しては変異が多く、体中の縞がすべて黒色の個体もある。また、体中の縞がすっかり茶色になっていて、はっきりしないものもある。腰の正中線の両側に前後に走る二本の縞がある。肩の毛房、首の短いたてがみ、頬と体下面の長毛がない。冬毛は、特に頬、体下面が長く密生し、立派な房になる。

インドシナトラ　マレートラともいう。インドシナ、マレー半島に分布。一九八〇年代の個体数はミャンマーに一一二五頭（一九六二年）、タイに五〇〇頭、マレーシアに六〇〇～七〇〇頭で、ベトナム、ラオス、カンボジアからは記録がない。一九九四年には一〇〇〇～一七〇〇頭と報告されている。

アモイトラよりも明るいが、ベンガルトラよりは暗色で、体が小さい傾向がある。縞は多く、互いに密に並ぶ。

◎カスピトラの目の上の白い斑はベンガルトラよりもふつう小さい。縞は茶～黒色で、特に側面、腹、後肢の外側ではふつう茶色、前肢の前側に縞がない。

ベンガルトラ　インドトラともいう。インド南部から北はネパール、アッサムに分布。一九八〇年代には、インドに三〇〇〇～三五〇〇頭、バングラデシュに三五〇頭、ネパールに一〇〇頭、ブータンに五〇頭が棲息するとされたが、一九九四年には全体で三三五〇～四七〇〇頭と報告されている。

大形で、体毛は夏冬とも一～二センチと短いが、ふつう頬と首の毛が長く、時に六・五～八・五センチもある。これらの毛の長さについては、雌雄とも変異が大きい。地色は橙色を帯びた茶色で体下面は純白。縞は一般に少なく、黒色で、時には肩や胸に縞がほとんどないこともある。

スマトラトラ　インドネシアのスマトラ島だけに分布。個体数は一九七五年には一〇〇〇頭だったが、一九八〇年代には八〇〇頭前後とみられていた。一九九四年三月には六五〇頭、一九九八年には四〇〇～五〇〇頭との報告がある。

小形で、地色は黄色を帯びた赤茶色で、くすんでいる。体下面、肢の内側、目の上、頬は純白でなく、バフ色を帯びる。上唇の白斑と頬の白斑とはつながらない。頬の毛は長い。縞は黒色で、ペルシャトラと同様に多数あり、肩から後ろは二本ずつ束になる。

ジャワトラ（絶滅）　インドネシアのジャワ島だけに分布。個体数が三～四頭の状態が続いたが、一九九四年現在では一九八〇年代に絶滅したと断定されている。

小形で大きさなどスマトラトラと同じだが、短い体毛は明るい赤茶色。

◎ジャワトラは頬の毛がとても長く、耳の内側にも長毛があり、まるでミミズクの羽角のように耳先から7センチほども突き出る。頚の毛も12センチと長く、たてがみ状。縞は細くて数が多く、2本ずつ束になる。

バリトラ（一九四〇年代に絶滅）　インドネシアのバリ島だけに分布した。ジャワトラに似ているが、ずっと小さく、体は鮮やかな赤茶色で、体下面は純白である。縞は黒く、二本ずつ束になっているが、太さは変化に富む。頬の毛が長いなど、頭骨の形状などもスマトラトラ、ジャワトラのほか、ペルシャトラやロプノールトラに似る。

謎の野生ネコ　ハイイロネコ

ハイイロネコを最初に記載、つまり発見したのはフランスのミルヌ＝エドヴァール*である。彼は標本の山の中から四不像と呼ばれるシカを一八六六年に新種として記載し、ジャイアントパンダをアライグマの一種として一八七〇年に記載している。また、金絲猴《きんしこう》を一八七〇年にやはり新種として発表している。

ところがこれらの動物の発見年に比べると、ハイイロネコのそれは一八九二年であるから、ずいぶん遅い。ダヴィド神父の後の人が採集してきたのかもしれないが、ミルヌ＝エドヴァールが調べた標本は中国産のものであり、ジャイアントパンダと大体同じ地域から採集されているから、ジャングルキャットによく似ていたために両者の違いに気づくのが遅れたのにちがいない。

ハイイロネコの生態はまったくと言っていいほど分かっていない。その理由の一つは、このヤマネコが数少ない動物だからである。そして今日でも調査のために立ち入ることが難しい地域に生息しているからということも考えられる。

アルフォンス・ミルヌ＝エドヴァール［1800–1885］　世に初めてパンダを絵として知らしめた。1860年代にダヴィド神父が東アジアからパリに持ち帰った数々の動物標本を研究した動物分類学者。

ハイイロネコ *Felis bieti*

マヌルネコ *Felis manul*

アカギツネ *Vulpes vulpes*

小さい山猫　マヌルネコ

「マヌル」とはモンゴル語で「小さいヤマネコ」の意味で、体毛が長いのでコロコロと太って見える。凍った地面や雪の上で腹ばいになっていても体が冷えない。さらに独特なのはその顔つきである。額が高く、耳が低い位置についている。だが額が高く見えるのは、実は目が高い位置についているからなのである。このように目の位置が高いのは、身を隠す場所のない平坦なステップや砂漠で大きな岩陰に身を潜め、岩の上から目だけを出して獲物を狙うのに適応したのだという。

彼らは岩の割れ目や岩の下、岩穴、マーモットなどほかの動物が掘った穴を利用して、たいてい昼間はそこで休み、夜になると出歩いて小形哺乳類を捕食する。

繁殖習性は野生の状態はまったくわかっていない。猟師などの情報や飼育下での様子から、マヌルネコはいつもの住処に巣を作り、四月下旬から五月にかけて一腹一～五仔を出産する。子どもの毛は、成獣よりも柔らかく、斑紋がはっきりしている。特に数が少なくなっているという報告はないが、大量に日本に毛皮などが持ち込まれているところから考えて、相当に減少していると思われる。

用心深さに守られる　アナグマ

アナグマは体形がずんぐりし、外形がいくぶんクマに似ているところからこの名がついているが、クマの仲間ではない。また、タヌキと見間違われることも多

いので、この際、クマ、タヌキ、アナグマの違いをはっきりさせておくと、それらは共通して哺乳綱食肉目の仲間だが、クマはクマ科、タヌキはイヌ科、アナグマはイタチ科に属している。つまり、アナグマはイタチ、カワウソ、オコジョ、スカンクなどの親類というわけである。イタチの仲間の特徴は足跡に五本の指がつくことで、とくにアナグマのものはきわめて幅が広く、巨大な爪跡が残るため、四本しか指の跡がつかないイヌ科の動物とは足跡から容易に区別できる。

アナグマは食肉類の動物である。じっさい頭骨を見れば、彼らが大きな獲物を捕殺するのに十分な能力を備えていることがわかる。歯は強大であり、顎の関節もしっかりしていて強い力に耐えることができる。それなのに実際アナグマの食性を見ると、明らかに雑食性である。動物質としては、何といっても主食はミミズである。* 植物質も良く食べ、果実、木の根、ドングリ、キノコ、穀類など、その種類は多い。また、夜行性であることに加えて、きわめて用心深く、あやしい物音や匂いがすると一晩中でも巣穴*から出てこない。明るい満月の夜なども巣穴から出てこないことが多いという。そのため、専門の動物学者でも、めったにその姿を見ることができない。一度ツガイを作った雌雄は一生ともに生活する。

よく目立つ頭部の白と黒の帯状模様を警戒色とする説もあるが、おそらくアナグマのこの模様は、暗闇の中で互いに仲間を識別しあうためのものであろう。

アナグマ

とくに雨季なると草原へ出てミミズを専門に探す。子に乳を与えている時期のメスはもっぱらミミズを食べているといわれている。

アナグマの巣は、その直径が大きいことと、中から掘り出してきた土や石を、入り口に小山のように積み重ねるのですぐにわかる。アナグマが現に棲んでいるかどうかは、巣穴から良く踏み固められた通路が放射状に出ているかどうかで簡単に見分けられる。しかも、その通路の1本は川や池などの水場に通じている。

匂いのない狐　コサックギツネ

コサックギツネはステップ、あるいは半砂漠地帯の住人である。コサックギツネは木登りが非常にうまいという。跳躍力もある。彼らは森林、藪地、耕作地、人里は避けて暮らしている。のろまといわれるイヌにさえも追いかけられて捕まってしまうほど、走るのが遅い。変わりもののキツネである。だが、視覚、嗅覚、聴覚は鋭敏である。

冬になると小さな狩りのためのパック*をつくる。これは、おそらくペアと前年の子どもたちが集まったものだ。

多くのキツネは強い臭いをもっているが、不思議なことにコサックギツネにはない。そのため十八世紀のロシアではしばしばペットとされていた。その暖かで美しい毛皮は高価で、十九世紀の西シベリアの市場では毎年一万枚以上の毛皮が取り引きされた。マーモット用の罠で捕獲される。また、コサックギツネの生息地に人間が住み、農耕地ができるなどして、生息数は激減しているものとみられている。

最も分布の広い獣　アカギツネ

アカギツネの分布域は、ハイイロオオカミと並んで現生の陸生哺乳類中もっとも広い。砂漠からツンドラまで棲むとはいえ、平地から低山にかけての樹木の多

コサックの都市　自分で掘った巣穴は単純で、浅く、そこにグループで住み着いている。他のキツネ類よりも社会的な生活を営み、時に数個体が一つ穴で共に生活する。こうした巣穴を「コサックの都市」と呼ぶ。

パック　複数のオスと複数のメス、そして子どもたちからなる群れ。

キツネ　人間の身近にも棲息しているため、昔から民話などに登場する。日本では田を守る動物ともされるが、「狐憑き」など、たたりがあったり、あまりよいイメージではない。ヨーロッパでは伝説的にずるがしこい動物とされる。鋭く尖った鼻づら、大きな三角形の耳、ネコのような瞳、細くしなやかな腰つき、素早い動作などが組合わされてできたイメージであろう。キツネが「化かす」ことは有り得ないが、極めて賢い動物であ

いところに棲息する。神経質であり、もっぱら夜行性だが、早朝や夕刻に見かけることも少なくない。動作は軽快で高さ二メートルのフェンスを飛び越し、時速四八キロのスピードで走ることができる。泳ぎも巧みで、視覚、聴覚、嗅覚といった感覚も鋭敏であり、特に聴覚はすばらしく、野ネズミのたてる微かな物音を聞きつけ、真上に高くジャンプして上から一気に獲物を押さえつけ、捕食する。

秋に主食とする果実類は、冬越しのためのエネルギー源として重要である。

彼らは、子育ての時期などを除けば単独でいて、その日その日を草むらや岩陰で過ごすことも多い。巣穴をもつ場合、自分で斜面などに穴を掘ることもあるが、たいていアナグマ、アナウサギ、マーモットなどの使っていたものを借用し、拡張工事をする。

キツネは単独生活者、ときに一夫一婦の動物と考えられてきたが、最近のイギリスの研究では、巣穴の共同使用の例やヘルパーの存在、一頭の雄と数頭の血縁関係のある雌たちから成る家族群があることなどが分かってきた。アカギツネの生活についての研究は、今後さらに発展すると思われる。

草原の放浪者　モウコノロバ

チゲタイともいう。中央アジアから南西アジアに分布する野生ロバをアジアノロバと呼ぶ。ロバとウマは似ているが大きな違いは、ロバは額にたてがみが垂れていないが、ウマは垂れている。それでロバの顔はどことなく間が抜けた感じが

ることは間違いない。獲物を捕らえるのに「チャーミング」と呼ばれる踊るような仕草で獲物をおびきよせる特異な策略を用いる。

◎繁殖期になるとキツネは「キャッ、キャッ」と金切り声でなく。定住性のある雌の元に数頭の雄が集まり、やがてペアを形成する。妊娠期間は51～53日で、雌は気に入ると何年も使う巣穴の奥で出産する。雄は雌に比べると放浪性が強い。発情期には雌を探して徘徊するが、育児期には雌に食べ物を運んで育児を助ける。

するのである。しかし、このアジアノロバは、ロバとウマのどちらの特徴も兼ね備えていて、ウマとの違いは、尾の末端部だけが毛に覆われていることである。

モウコノロバは食草が少なく、水もほとんどない土地に棲んでいるので、絶えず水分を求めて移動するという放浪生活を送っている。何日も水なしで過ごすこともできる。水を飲むとき、互いに距離を保ちながら出かけるが、こうして各個体の危険を最小限に抑えているのだろう。モウコノロバの好きな食草は、現地の人々が「パヤリシ」と呼んでいるトゲのある植物である。冬には大地が雪で覆われ、草がなくなってしまうので、群れは南方に移動し、春までそこで過ごす。

臆病で小心な動物であるが、鋭敏な聴覚と視覚により、不意に敵が近づいても遠くからこれを知り、安全なところへ逃げ出すことができる。危険を察知すると猛スピードで逃げるが、その速さは時速七〇キロに達することがある。けれども、長時間保っていられるような平均速度は時速四〇〜五〇キロである。もっとも恐るべき敵であるオオカミは、モウコノロバとの競走ではかなわないので、まだ幼いもの、老いたもの、傷ついたものが狙われる。

氷河時代から生き延びた野生馬　モウコノウマ

プシバルスキー*ウマともいう。一八七九年のこと、ロシアの探検家で馬術教師のニコライ・ミハイロビッチ・プシバルスキーは、ロシアとモンゴルの国境のコブド地区の草原で、ウマに似た未知の動物の小さな群れに二度出会った。一〇頭

プシバルスキー　プルジェバァリスキー、プルツェワルスキー、あるいはシャバルスキーとも読まれる。

モウコノロバ
Equus hemionus hemionus

モウコノウマ
Equus przewalskii

ほどのウマが風のように駆け抜け、大自然の中へ姿を消すのに遭遇したのだ。彼は新種の野生ロバを発見したと考えた。プシバルスキーは動物のことをよく知っていた。野生ロバのクーランに似た黄褐色をしたウマをまさか新種の野生馬とは考えもしなかったのである。この出来事から二、三日して、彼は幸運にも再び野生馬の群れに出会い、その動物の特徴をよく観察した。そして、彼は動物学者で地理学者の友人J・S・ポリヤコフに「大形の新種のアジアノロバ〝ケタルグ〟を発見した」という手紙を書いた。

一年後、ポリヤコフはコブドでケタルグの頭骨と毛皮を入手して調べた。そして一八八一年に『イズベスチア』紙上に「〝ケタルグ〟の学名はエクウス・プシバルスキー、氷河自体の原始的な野生ウマの生き残り」と発表したのである。

そうこうするうちに数十年の歳月が流れていった。ロシアやドイツでは、家畜のウマの改良にケタルグの血を入れる試みもなされた。その結果、雑種はいくらでも増えた。ということは、ケタルグはウマの一種だったのである。もしケタルグがロバだったら、生まれてくるのはラバ*かケッティ*のようなものであり、繁殖力はないからだ。

おりしもヨーロッパの洞窟などで氷河時代の人が描いたり作ったりした当時のウマの絵や彫刻、粘土細工、石像、骨細工などが多数発見された。洞窟壁画には鮮やかに彩色されたものもあり、プシバルスキーウマそのものだったのである。

発見当時、カスピ海の北方から中央アジアを経てモンゴルにいたる草原や乾燥

昭陵六駿馬の二　唐　西安石刻芸術館蔵

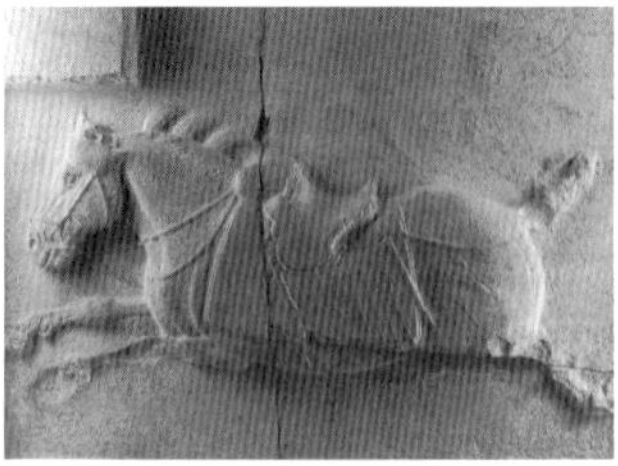

昭陵六駿馬の三　唐　陝西省博物館蔵

ラバ　牡ロバと牝馬の雑種
ケッティ　牝ロバと牡馬の雑種

斉景公の殉馬坑　全長215m　戦国　山東省臨淄斉国故城遺跡博物館　約2500年前の殉馬。その数は推定600頭以上。諸侯がいかに権力と富を持っていたかが分かる。下って始皇帝のころになると、陶俑の馬を用いる。

帛画「車馬儀仗図」（部分）長212cm　幅94cm　湖南省馬王堆漢墓三号墓　湖南省博物館蔵　墓主が生前、出征兵士や凱旋部隊を閲兵する儀式を盛大に行ったのであろう。

地帯に多数棲息していたと言われる。一八九九年には初めて動物園で飼育されるようになった。ところが、棲息数は年々減り続け、今世紀初頭には中国北部のモンゴルとの国境近くにあるジュンガル盆地で見られるだけとなってしまった。

一方、動物園で飼育されていたモウコノウマたちは順調に繁殖し、一九八二年には世界の主な動物園に四六四頭の生存が確認されている。現在、日本でも東京の多摩動物公園と、千葉市の動物園に数頭ずつ飼育されている。

一九九一年、モウコノウマを、再びゴビ砂漠の故郷に戻そうという計画が、イギリス、ドイツなどの自然保護団体の手で進められている。その年の春にはイギリスから六頭のオス馬が空輸された。

自然保護団体がモンゴルの科学者と共同で進めている第一期計画では、現地馬との交雑を防ぐため、ドイツの団体が出した資金で一平方キロを囲い、ここに六頭を放し飼いにして環境に慣れさせた。一九九二年から始まった二期計画では、囲いを一〇〇平方キロに広げ、さらに四頭のオスと八頭のメスを空輸して放した。

一九九七年、モンゴルの首都ウランバートルから西へ約一二〇キロの地に設定されたホスタイ・ヌルー自然保護地域にモウコノウマが群れをなしていた。極寒の中、大雪でも蹄で氷を割り、盛んに草を食べていたという。今では人間の匂いと音を警戒し、人がいるとすぐに姿を消す。自然保護地域で最近、四〇頭ものオオカミが確認された。モウコノウマを狙って集結したと考えられている。子ウマがオオカミにさらわれたこともある。だが、力のあるものが力のないものを倒す

臨韋偃牧放図　北宋　絹本著色　北京故宮博物院蔵　馬の名手として知られた唐代の画家・韋偃の「放牧図」を李公麟が臨模したもの。横4.3m、人物143人、馬1286頭の、壮大な平原絵巻である。

郵便はがき

料金受取人払

赤坂局承認

1016

差出有効期間
平成16年11月
30日まで
（切手不要）

1078790

（受取人）

東京都港区
赤坂郵便局
私書箱第十五号

農文協
☎03-3585-1141 FAX03-3589-1387
「中国文化百華」編集部 行

◎ ご購読ありがとうございました。このカードは当会の今後の刊行計画及び、新刊等の案内に役だたせていただきたいと思います。

● これまで読者カードを出したことが　ある（　　）・ない（　　）

ご購入書店名：　　　　ご購入年月日　　年　　月

ご住所	（〒　　－
お名前	男・女
TEL：	E-mail：
ご職業	公務員・会社員・自営業・自由業・主婦・農漁業・教職員（大学・短大・高校・中学・小学・他）研究生・学生・団体職員・その他（　　　）
お勤め先・学校名	所属部・担当科
ご購入の新聞・雑誌名	加入研究団体名

S

中国文化百華

●お買い求めの巻に ○印をお付け下さい

1	2	3	4	5	6	7	8	9	10
11	12	13	14	15	16	17	18	19	20

本書についてご感想など

今後の出版物についてのご希望など

の本を求めの機	広告を見て（紙・誌名）	書店で見て	書評を見て（紙・誌名）	出版ダイジェストを見て	知人・先生のすすめで	図書館で見て	NCLの目録で

購読申込み書◇　郵送ご希望の場合、後払いで送料400円負担願います。

● 図説　中国文化百華　各巻定価 3,200円（税込）

全巻予約注文　揃定価 64,000円（税込）　＿＿＿セット

分冊注文（○印を）

1	2	3	4	5	6	7	8	9	10
11	12	13	14	15	16	17	18	19	20

定書店　地区　　書店名

のは自然の法則。モウコノウマは確実に自然の生態系の一員として暮らし始めているのである。

不思議な顔の　サイガ

今は、カフカスからキルギス草原を通り、モンゴルまでのステップに群れを作ってすむが、氷河時代にはヨーロッパにもいたという動物だ。鼻づらがふくらんだ奇妙な顔つきのヤギに似た動物である。

ふつう冬の寒さや旱魃を避けて草を求めて移動する。移動のときの数は千頭以上になり、数千頭の群れも見られる。ときには、三二〇平方キロにもおよぶ広い地域に一〇万頭ものサイガが見られたという。移動中の速度は時速四・八～一九・二キロ、何かに驚いたりすると時速九〇キロもの猛スピードを出す。

広く分布していたころは、おそらく一億頭以上もいたにちがいない。しかし、次第に減り始めた。手頃な大きさで、大群をなしていたから、原始人たちによって狩られたことは明らかである。オスのもつ琥珀色の角は細工物に利用された。そして、二十世紀初頭には絶滅寸前まで減少した。一九一九年に保護法が施行されたが、そのときはわずか一〇〇〇頭あまりといわれるほどになっていた。皮と肉を利用するための狩猟と、旱魃が続いたためらしい。まさに幻の獣である。

ところが、一九三〇年を超すと個体数は上向きはじめ、爆発的な大増加もあって、一九四〇年にカザフスタンでは一〇〇年前と同じくらいになり、一九五〇年

サイガとガゼル　この動物をあのアフリカの美しいガゼルと同じアンテロープ（レイヨウ）の仲間だと思う人は少ないが、分類学的にはアンテロープに含められ、ヤギ類との中間的な生き物とされている。いちばん栄えた200万年以上前は、フランスやイギリスなどヨーロッパでも見られたし、北アメリカのアラスカまで達している。

◎**サイガの増加**　一時的であれ、サイガの個体数はなぜ増えたのか？　その要因として、狩猟を制限して旧ソ連が徹底的に管理できたことがまずあげられる。もう一つは皮肉にも天敵であるオオカミが減少したことである。

に七五万頭、一九六〇年にカザフでは一三〇万頭にも達した。ボルガの西では増加は遅れたが、一九四九年に一〇万頭になり、その後飢饉と冬の厳しさで少し減少したがすぐに持ち直し、一九五八年には五四万頭に達した。

だが案の定、油断はできなかった。最近、IUCN（国際自然保護連合）からレッドリスト二〇〇二*が発表されたが、それには再び絶滅危惧種と判定されている。それによれば、一九九三年には一〇〇万頭以上いたが、二〇〇〇年までに二〇万頭以下になっていたのだ。さらに、今年に入ってからは五万頭以下に激減しているという。眼を疑うような激減ぶりである。肉や漢方薬として利用される角を目当てにした大量乱獲が原因となっているらしい。

平原のランナー　ガゼル類

ガゼルは多くは平原に大きな群れで棲んでいる。活動は早朝と夕暮れが主である。一般に草を食べ、砂漠に棲んでいるものは小さな潅木の葉も食べる。何日も水がなくても生きられるので、現在では砂漠や荒れ地に残っているものが多い。モウコガゼルが半年も水を飲まずにいたことが観察されている。しかし、それだけに彼らは食物を求めて広大な範囲を移動していく。この移動もむやみやたらに動き回るのではなく、規則的な季節的な移動を行っているのである。たとえばコウジョウセンガゼルが夏は山地にいて秋になると五〇〇キロも離れたところにある南の草原へと移動したという。

レッドリスト　絶滅の危機にさらされている植物や動物の種のパーセンテージを分析し、統計上の警告を出して、自然保護の優先順位を決定する手助けとなるもの。

◎大群でいても交尾期になると、オスがそれぞれ2～5頭ほどのメスを従え、小さな群れに分散する。およそ200日の後、子どもが生まれる。

チベットガゼル
Procapra picticaudata

サイガ
Saiga tatarica

コウジョウセンガゼル
Gazella subgutturosa

交尾期は種によってさまざまだ。子どもは一頭で、生まれて数日間は近くの茂みに潜んでいる。数日たつと母親について走れるようになり、群れに加わる。ガゼルの子どもには敵が多い。草原に棲むさまざまな中形以上の肉食獣のすべてが、敵だといっても過言ではない。*

近年、ガゼル類は減少しつつある。そのいちばんの要因は、環境破壊もあるが人間による捕食である。たとえばアフリカの人々はトムソンガゼルを極めて美味しいと評価している。乾燥地帯で生活している人々にとってはかなり重要な獲物である。そのため、ソマリランド*のスペックガゼルやペルツェルンガゼルは非常に少なくなっている。

古代エジプト人はすでに紀元前七〇〇〇年にドルカスガゼルを飼育し、その肉が重要な食糧として役立っていたという。また、紀元前二五〇〇年に作られた墓には、その主が一一三五頭のガゼルを飼育していたことが記されていた。ローマ人もまたガゼルを飼育していた。ガゼルの皮は革製品に利用され、角はナイフの柄に、脚の骨はサイコロを作るのに用いられた。

地中海の周辺に棲息していたガゼルは、それでも急激には減らなかった。車と銃が登場し、殺すことを楽しみとする風潮が生まれて彼らは減少していった。

砂漠の船　フタコブラクダ

一九七三年に旧ソ連のバンニコフ氏の実地調査により、合計八〇〇〜九〇〇頭

アフリカではライオン、ヒョウ、チーターは当然のことながら、ジャッカル、ハイエナ、リカオンも狙っている。アジアではオオカミや、地域によってはトラがこれに加わる。

ソマリランド　アフリカ東端部、インド洋に突き出た三角形の半島一帯の呼称。

フタコブラクダ
Camelus bactrianus

ほどの野生個体が確認された。今はモンゴルでも中国でも、この種を保護している。一九九八年には、新疆ウイグル自治区の砂漠地帯で一二〇頭ほどが確認された。この地域では中国政府が一九六四年から、一九九六年の実験凍結までに、計四五回の核実験を実施してきた（八二年以降はすべて地下実験）。厳しい立ち入り制限があったため密猟を企てる砂漠の民もほとんど侵入できなかったが、最近では金や鉄鉱石を探すよそ者が無断で入り込み、ラクダ狩りを行っているようである。「水場のそばに爆薬を仕掛けてラクダを殺す者もいる」と、英国ベネンデンにある野生ラクダ保護基金のジョン・ヘア氏は述べている。一九九七年、彼らが中国当局にかけあった結果、約十万七〇〇〇平方キロがラクダの保護区に指定され、無許可の立ち入りを監視する検問所も設置されたという。

また、二〇〇一年二月には、中国北西部の新疆ウイグル自治区のタクラマカン砂漠で、野生のフタコブラクダの存在が報告された。野生のフタコブラクダは小形で、瘤も小さい。これは中国とイギリスの合同調査隊によって一九九九年にタクラマカン砂漠クムタグ砂丘で確認された。地下からわき出る塩水を飲んで生活していた。遺伝子を調べた結果、遺伝子配列が家畜のラクダと違うことも明らかにされた。

牛乳を盗むモグラ　ハリネズミ

ハリネズミは、木登りも泳ぎもうまいが、ふつうは地上で生活し、視覚は鈍い

駱駝図画像磚　後漢　四川省博物館蔵

清朝末期から1940年代にかけて、北京でもラクダは重要な運搬の役割を果たしていた。西便門付近。

ようだが、嗅覚と聴覚は鋭い。

ハリネズミの主な食物は小動物などで、植物質のものは食べないと言われるが、ドングリや漿果《しょうか》を食べることが知られる。ハリネズミは、ニワトリの卵を捕るという言い伝えのような話があるが、ある人たちが飼っている個体のそばに卵を置いてみたところ、まったく卵に興味を示さないか、興味を示しても卵を割ることはできなかった。大きすぎるからで、おそらく、ひびが入るか割れている卵を見つけた個体が味をしめて、卵ドロボウになったのだろう。実際、一部のハリネズミがウズラやキジなどの野鳥の卵を捕ることが知られている。もっとも固く信じられてきた伝説は、彼らがリンゴやイチゴなどを針で突き刺して運び去るという話である。これは古い陶器や彩色された写本に描かれて、少なくとも二〇〇〇年間は記録されてきた。しかし、これを信じようとする科学者はほとんどいない。

同じように強く信じられているが、やはり科学的には疑問視されてきたのは、ハリネズミがウシの乳を飲むという話である。一九六八年に子ウシに授乳する哺乳壜を使って行われた実験で、おもしろい結果が得られた。ハリネズミはその哺乳壜を口にくわえ、ウシ飼いが乳を搾るときにするのと同じ仕草でそれをグイッと引き、牛乳をすっかり飲んでしまう、というものである。哺乳壜に牛乳が詰め直されるたびに、ためらうことなく、その独特なスタイルでそれぞれを飲んでしまったという。イギリスの『獣医学雑誌』には、ハリネズミがウシの乳首を傷つけるという報告が載っており、証拠写真も添えられていたそうだ。獣医は、ハリネズミがウシの乳を飲むだけでなく、そのときに乳首に傷をつけることを、ずっと以前から知っていたらしい。

このハリネズミの乳ドロボウの話をもっとも強く主張したのが農民や牛飼いであったことも面白い。農民たちがいちばんの理由としたのは、ウシの乳首に傷が付くのは春と夏だけで、ハリネズミが冬眠している冬には傷が付けられないということであった。農民や牛飼いがハリネズミの生活を、もっともよく知っていたということだろう。

知らずに木を植える　シマリス

シマリスの主な食物は、他のリス類と同じくヤマブドウなどの漿果＊、ドングリなどの堅果＊、マツなどの種子で、地面に落ちているのを拾ったり、木に登って摘み取ったりする。すぐに食べない食物は頬袋に入れて運び、冬に備えて貯える。ほお袋は皮膚のたるんだ襞で、内側は毛はないが湿ってはおらず、口の両脇に開口している。頬袋に入れる時は木の実ならば前足で押さえ、とがった部分をきれいに齧りとり、片方の袋に押し込む。次の木の実も同じようにして反対側の袋に入れる。かわるがわる詰め込む。

ヨーロッパで〝リスのようだ〟といえば、別に計画性もなく、いつか必要になるかもしれないと、やたらにものを集めて自分の家を一杯にしてしまう〝けちん坊〟に対する悪口めいたたとえである。シマリスは、おそらくリス科の全メンバ

堅果　かたく、熟しても裂け開くことのない果実。
漿果　果皮が肉質で、液汁の多い内部に種をもつ果実。
◎**シマリスの食性**　食性は幅があり、果実や種子のほかに、キノコ類や草や木の葉も食べ、また肉食もし、ナメクジ、カタツムリ、アブラムシ、その他の昆虫を捕食する。さらに意外なことには、小鳥の卵やハツカネズミ、小形のヘビも食べるといわれ、シエラネバダに棲むある種の野鳥にとっては、シマリスが重大な天敵の一つとされている。

ー中でもっとも腕利きの貯蓄家と思われる。貯えるものをきちんと選んでいる。シマリスは、冬用の貯蔵食品としては堅果と穀類だけを集め、途中で腐ってしまうような果実や肉は決して集めない。しかし貯蔵品の大半は堅果で、ある報告によると、彼らの貯蔵庫には"九リットルのドングリ"とか"三二リットルの堅果"が見られたという。

冬眠していても一週間から一〇日に一度目を覚まして貯蔵食品を食べる。シマリスは、天候の悪い季節にわざわざ食物を探しに出かけなくても悠々自適、快適な生活を楽しめる。なにしろいつでもタップリの蓄えが、けちん坊が決まって隠す場所、すなわちシマリス自身のベッドの下にちゃんとあるからだ。

シマリスのこうした貯蔵習性は、一〜二ヶ所に大きな貯蔵庫を持つアカリスの習性と、小さな貯蔵庫をたくさん作るハイイロリスの習性を併せ持ったものということができる。シマリスはハイイロリスのように落ち葉の下や草むらに、一口で入ってしまうほどの堅果を隠したり、あちこちに小さな貯蔵庫を作ったりするが、たいていはそのありかを忘れてしまうらしい。冬になるとそのうちのいくつかは匂いを嗅ぎつけて見つけ出すのだが、残りの多くはそのまま春を迎えて芽を出し、"宝の持ち腐れ"ならぬ、森の生長に一役買っていることになるのである。

シマリス *Tamias*

冷温帯に棲む主な動物

種名	体長＋尾長 [cm]	体重 [kg]	分布	CITES RDB
トラ *Panthera tigris*	140~280＋60~110	115~306		I EN
ハイイロネコ *Felis bieti*	68.5~84+29~35	4~5.5	ゴビ砂漠、甘粛・四川の半砂漠地帯、チベットのステップ	
マヌルネコ *Felis manul*	50~65＋21~31	2.5~5	中央アジア、西アジア	II
アナグマ *Meles meles*	56~90＋11.5~20.5	10~34	ヨーロッパからアジアの中北部	
コサックギツネ *Vulpes corsac*	48~68＋25~35	2.5~5.0	ロシア南部から中国東北部	
アカギツネ *Vulpes vulpes*	45~90＋30~56	2.5~6	北半球に広く分布	
モウコノロバ *Equus hemionus hemionus*	肩高130	260	中国西北部とモンゴル	II VU
モウコノウマ *Equus przewalskii*	肩高120~146	240~300	中央アジア	I EW
サイガ *Saiga tatarica*	肩高60~80	23~40	中央アジア	II EN
コウジョウセンガゼル *Gazella subgutturosa*	肩高52~70	30~42	西アジアから中央アジア	
チベットガゼル *Procapra picticaudata*	肩高55~64	20~35	シッキムから中国西部	
プシバルスキーガゼル *Procapra przewalskii*	チベットガゼルよりやや大きい	60~315	中国西部、ゴビ砂漠	
モウコガゼル *Procapra gutturosa*	肩高62~76	28~40	カザフから中国東北部	
フタコブラクダ *Camelus bactrianus*	肩高190~230	450~650	中国タリム盆地、ゴビ砂漠	EN
ハリネズミ *Erinaceus europaeus*	23~32＋3	0.8~1.5	ヨーロッパから中国、ウスリ	
シマリス *Tamias sibiricus*	12~15＋11~12	71~116g	ユーラシア北部	

第四章

暖温帯——人に追われて彷徨《さまよ》う

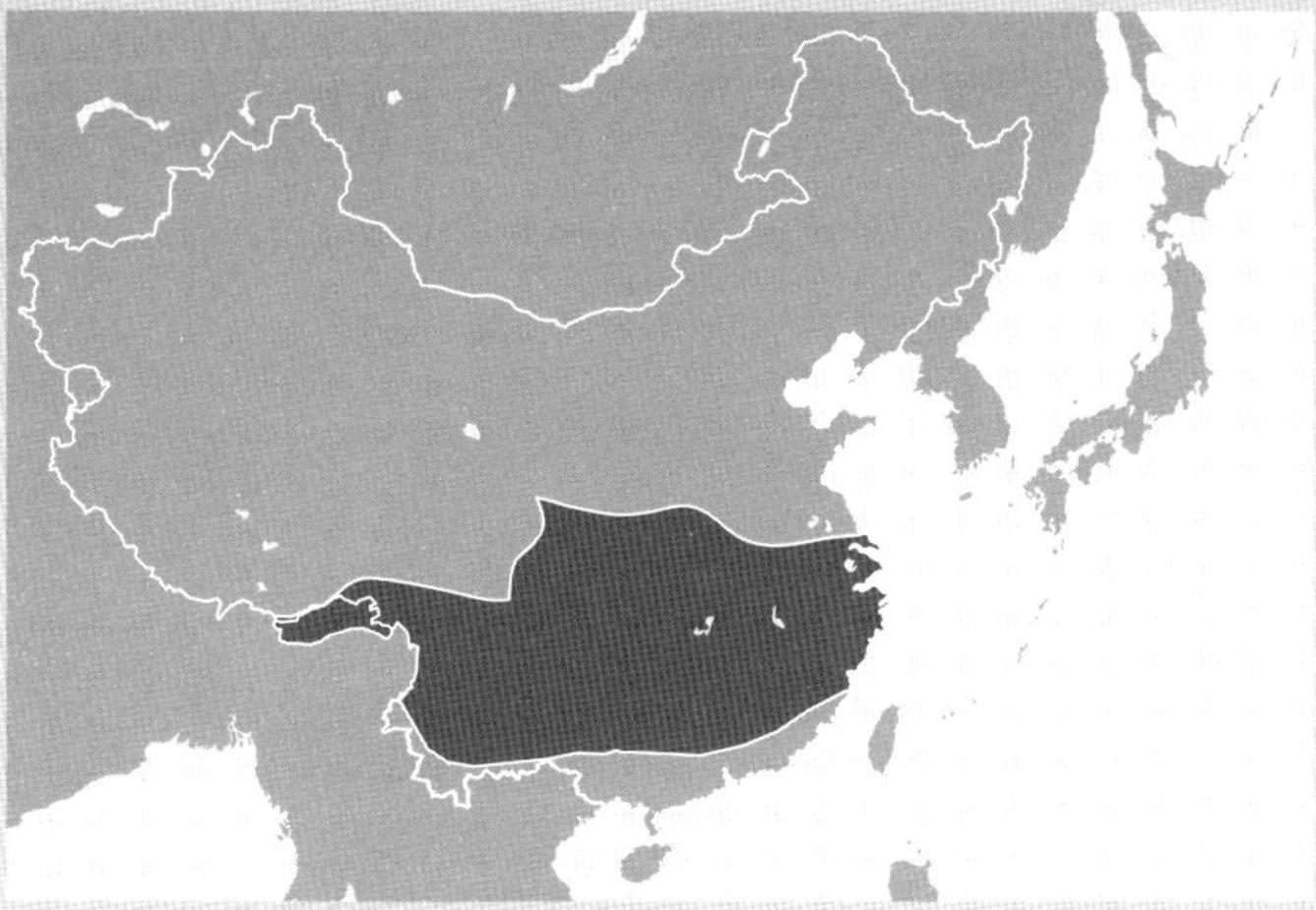

暖温帯は、人間が主人公である。四季があり、適度な雨、酷寒もなく猛暑もない平地。いわば過ごしやすいし、作物も実る。たいていの生き物の生存が許された土地といえよう。あらゆる生産活動が行われ、人口が爆発的に増え、それを養うためにさらに生産を加速する。中国の人口の大半がこの地域に暮らす。裏を返せば動物にとっては、生存の条件がきわめて厳しい。人間は森を開いて田畑に変え、草地には羊や牛を放牧する。村落がつぎつぎと誕生し、道が縦横に通う。

『孟子』に興味深い話がある。「むかし、尭のときには、天下はまだ穏やかではなかった。大水はところかまわずあふれでて国中に氾濫し、草木はぼうぼうと生い茂り、禽獣ばかりやたらに繁殖して、肝心の五穀はさっぱり稔らず、禽獣ははびこって人に近づきせまって危害を加え、鳥や獣の足跡がどんな開けた賑やかな都邑にでも見られるという始末。」そこで家臣の舜に政治をとらせた。舜は火をつかさどる役人に益を用い、草木禽獣の害を除いた。すなわち山や沢の草木を焼き払って禽獣の潜む場所を取り除いたのである。さらに禹に治水を任せて洪水をなくし、作物が稔るようにした。

ここに登場する尭・舜・禹は伝説の時代の聖王で、現在実在したとされる夏が四〇〇〇年前の国とすると、それより以前の話である。そのころまでは禽獣と人はまだ、せめぎあっていたことになる。動物が身近に棲み、猛獣の脅威が実在していたのである。

今から二七〇〇年程前からの春秋戦国時代の歴史地図を見ると、いたるところ

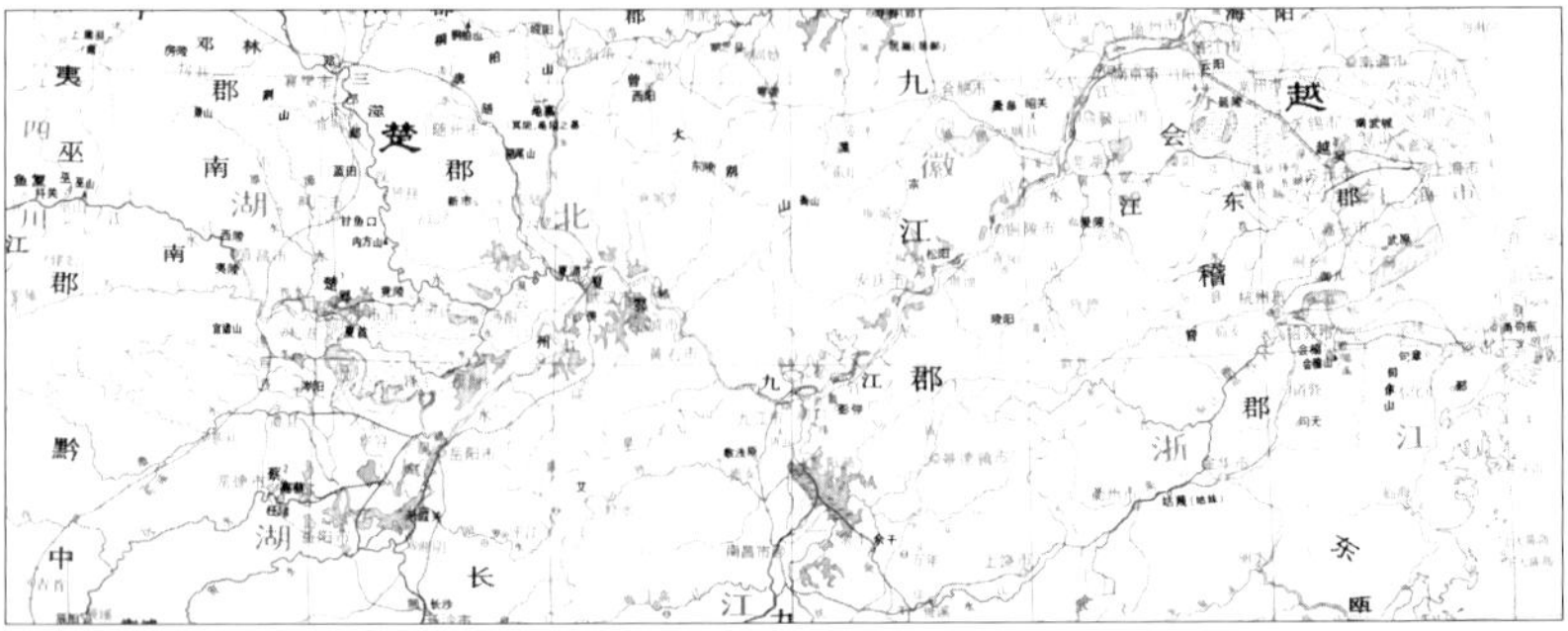

歴史地図 雲夢澤（『中国歴史地図集』）

に湖・湿原がある。それは森や林が水をたたえ、そこから滲み出した水が湿原を形成していたことを意味する。その代表的な湿原が当時の大国・楚の「雲夢澤《うんむたく》」*。現在の武漢の近くである。周辺には落葉広葉樹の木々が茂り、そのさらなる奥には巨木がうっそうとした樹林。動物たちの楽園であったことだろう。

暖温帯は湿潤で、もともとは広葉樹林に覆われていた地域である。河川も多く、上流に行くにつれてやや冷涼となり、森の様相が変わる。源流部は高地である。それで棲息する生き物も変わる。生物相を見ると、冷温帯との境界は揚子江付近である。

動物地理学的には、おおまかに揚子江以北を旧北区、南側は東洋区と名づけられている。だが、動物は移動性が強いため厳密なものではなく、この暖温帯は旧北区と東洋区の移行帯*と考えてよいだろう。

この地域は人類にとっても生活しやすく、とくに農耕の歴史の長い平地では暖温帯に特徴的な環境はほとんど失われている。それでもわずかに残された丘陵地の合間に、マエガミホエジカ、キョン、マエガミジカなどが広く分布する。山地沿いの樹木の多い地域には、この地域に特徴的な種のキバノロが見られる。南方系のハクビシン、イタチアナグマ、カニクイマングース、スマトラカモシカ、ヒメヤマアラシ、タケネズミ、クマネズミ類などが棲息する。

雲夢澤　中国の古代に湖北省南部から湖南省北部にかけてあった大湿原。

移行帯　地理区と地理区の間の、動物の種類が変わっていく地域。

世界の動物地理区

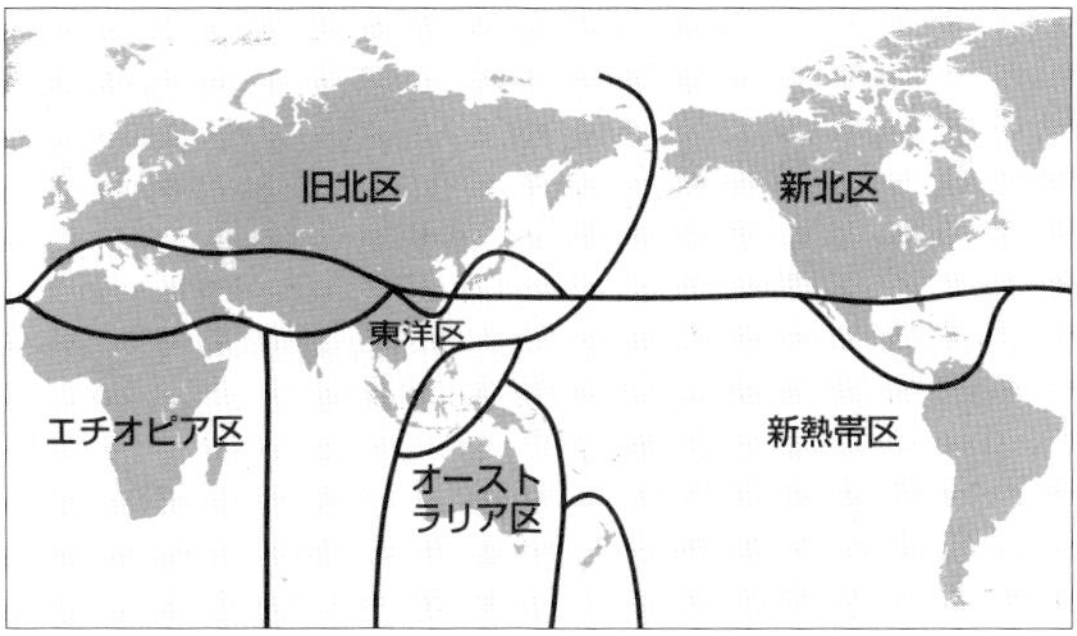

冬眠をしない　ツキノワグマ

ツキノワグマは山地の森林や低木林に棲み、夏は標高三六〇〇メートルあたりまで現れ、日本では富士山頂の測候所へもごく稀に姿を見せるという。冬には一三〇〇メートル以下のところに降りている。彼らは木登りもうまく、泳ぎも達者である。他のクマと同様に単独性で、交尾以外に他の個体と関わりを持つことはほとんどない。縄張りを持っていないが、かなり広い行動域をもつ。それはある広さの地域全体ではなくて、採食場や水場、休み場や日光浴の場所という定期的に訪れる多数の地点からなっている。通り道と行動域内の決まった場所には、木を爪で引っ掻いてマークをつけ、さらに樹皮を咬んで尿をかけたり、首の腺を擦り付けたりする。

ツキノワグマはおもに植物性の食物を摂る。春はブナ、ミズナラなどの新芽、コブシなどの花や草の葉、秋にはブドウなどの水分の多い果実、クリ、ドングリなどの小さな堅い木の実、木や草の根も食べ、トウモロコシ、ムギ、ソバなどの耕作地やメロンなどの果実畑を荒らすことがある。しかし、動物質の食べ物も食べ、サワガニ、アリのほか、蜂蜜も好んでなめる。すべての体が肉食をするかどうかは明らかではないが、ヒツジ、子ウシ、子ウマを殺した例もある。だいたいが夜行性で、たいていの場合は、クマの方で人間の近づくのを察知して身を隠すものらしいが、子ども連れの親とか、春の冬眠明けの頃、食べ物の少ない冷害の

ツキノワグマ
日本のツキノワグマは、すでに四国、九州では極めて稀であり、本州でも多く見積もっても7000頭くらいとみられている。

年の秋などは、気が荒くなっていて脅かしたりすると仁王立ちになって向かってくるという。

日本では、これまで長い間、クマは有害な動物というイメージで、狩猟の対象とされてきた。農作物を荒らす話、山のキャンプ場に出没して残飯を漁る話もよく聞く。林業的には古くから樹木を痛める〝クマ剥ぎ〟が問題とされた。

ところで、ツキノワグマたちは本来、深い森林にひっそりと暮らしていたものである。山奥に分け入ってクマを追ったマタギ*たちの時代には、自然のバランスに悪影響のない〝動物の利用〟であり、人間とクマの対等な戦いであったはずである。ところが近年、天然林（原生林）の伐採が急ピッチで行われ、動物たちには住み難い人工林が増えた。また林道開発などによって山奥へと人間が進出している。クマと人間の出会いが増えるのも当然であろう。そして、現在、年間千頭に及ぶ捕獲がなされているのである。しかしこれは、狩猟による減少よりも実は天然林の伐採によって生活を直接脅かされた結果による減少が心配されるのである。食物をなくし、冬眠場所を失い、繁殖できずに、急激に個体数を減らしているというのが、現状なのである。

クマだけではない。少しでも広く自然林を残しておかなくては、哺乳類も鳥類も、野生動物の生命は保証できないのである。

マタギ　東北地方の山間に居住する、古い伝統を持った狩人の一群。

来歴のはっきりしない謎の動物　ハクビシン

ハクビシンは、イエネコくらいの大きさのジャコウネコの仲間で、日本にも棲んでいる。ハクビシンというのは台湾でつけられた名前で、「白鼻芯」の字が当てられ、顔が黒く鼻筋が白いところに由来する。

ハクビシンは、深山の渓谷や絶壁など人の近づけないところに棲み、昼間は岩穴や樹洞に潜み、夜に出て小さな哺乳類や鳥など、とくにネズミ類を好んで捕食する。また、果実も良く食べ、よく木に登る。

日本にハクビシンが棲息しているのが確認されたのは一九五一（昭和二六）年。山梨県と静岡県でほとんど同時に捕らえられた。五五年までに長野県と高知県、六〇年までにはさらに東北地方の宮城県と福島県、四国の愛媛県で見つかり、現在では山形県、茨城県、福島県も棲息地となっている。

このように、年とともに分布域を広げてきたとしか思えない捕獲の記録は、ハクビシンが第二次大戦前後に野生化した、いわゆる帰化動物であることを示しているようである。しかし、毛皮獣の中には、むかしから極く少数だがハクビシンの毛皮が〝雷獣〟と呼ばれて取引され、その産地は山形県あたりだと主張する人もいる。また、徳島県の海部郡では、昔からハクビシンが棲んでいて、地元では〝顔白のヤマネコ〟と呼んでいたとの説があり、その毛皮は少なくとも明治時代から取引されていたと言われる。

簡単に帰化動物説を支持するわけにもいかない。日本産のハクビシンの頭骨は、原産地といわれる台湾産のものの頭骨と明らかに違っているためである。中国本土のものとは、外観も違う。

ハクビシンを比較研究した今泉吉典氏は次のように述べている。「日本のものに顔の斑紋が似たハクビシンは、私の知る限り台湾とラン島の亜種taivanaだけである。中国南部のlarvataは、二〇年ほど前に多摩動物公園で飼われていて、同園の小森厚さんが一目で日本のものと区別できると話していたが、その個体の毛皮を見てもまさにその通りである。（中略）私が見た北海道の奥尻島*、山形、福島、静岡、山梨、長野、愛媛などの標本には、顔の斑紋にもかなりの変異があったが、どれも同じタイプ、つまり台湾の亜種に似てはいるが、それとも少し違うものであった。ハクビシンは昔から日本にいたのではないだろうか。奥尻島のような寒冷な土地に棲むハクビシンは国外に例を見ないが、支障なく繁殖するらしく、幼獣が見つかっている。これはここのハクビシンが、世界の驚異といわれる下北半島のニホンザルと同じく厳しい寒さに順応していること示すが、このような耐寒性をわずか数十年で果たして獲得できるものだろうか」と。

奇跡のサバイバルをはたした　シフゾウ

シフゾウとは「四不像」と書くシカである。これを中国では「ス・プ・シャン」と読み、「四種の動物に似ていない」という意味である。「角は鹿に似て鹿にあら

奥尻島　面積143平方㎞、最高峰の神威山は標高585ｍ。

ず、蹄は牛に似て牛にあらず、頭は馬に似て馬にあらず、尾は驢に似て驢にあらず」なるシカである。確かに蹄、頭、尾がふつうのシカ類とは違って異常に長い。

さて、一八六五年二月のこと、フランスの宣教師ペール・アルマン・ダヴィド*は北京の南およそ二五キロにある「南苑*」の近くにいた。

神父は動物に非常に興味を持っていたから、タタール人の番人に金を握らせ、南苑にどんな動物がいるのか、塀に上って中を眺めた。するとタイミング良く、一二〇頭ばかりのシカの群れが彼の視野に入った。これこそが四不像だった。

彼はトナカイにいくぶん似たそのシカを見たことがなかった。番兵らの話では、そのシカは四不像といい、それを殺した者は死刑に処せられるとのことであった。以来、神父はシフゾウの情報を集めた。シフゾウは野生ではどこにも存在せず、南苑のみに生息することが分かった。それで清政府にフランス公使を通じてかけあったが、らちがあかなかった。だが、一方で神父はシフゾウの角で作った細工品が売られていることを知った。おそらく番兵らがこっそり肉を食い、角を売って小遣いかせぎをしていたのだろう。その肉は美味で、八珍の一つといわれる。ならば話は簡単だった。番兵に袖の下をつかませ、肉はいらないからと言って、オスとメスの毛皮各一枚を入手したのである。そのすぐ後に生きているシフゾウ三頭が外交ルートで手に入り、神父の毛皮と共にフランスへ送られたが、長い船旅に耐えられず死亡してしまった。"覗き"はするし、賄賂は使うし、とんでもない神父だが、この神父ともう一人イギリスのベドフォード公爵がいなかったら、

ダヴィド神父▼p.157

南苑　13世紀の元の時代から450年の歴史をもち、その当時は清朝皇帝の広大な猟場となっていた。周囲には延々72キロにわたって高い塀が築かれ、皇帝のための猟獣が放たれていた。タタール人の番兵により厳重に警備され、皇帝以外の人間はその中へ入ることはおろか、塀越しに覗くことすら禁じられていた。

シフゾウ *Elaphurus davidianus*

いま我々はシフゾウなる動物を目にすることはできなかったかも知れない。というのは、中国のシフゾウはやがて絶滅する運命にあったからだ。

パリ博物館のミルヌ＝エドヴァールは送られてきたこの五頭の標本をもとに〝ダヴィドの（長い）尾のあるシカ〟という学名で一八六六年に新属新種として記載した。が、この新種のシカを生きたまま手に入れんと、列強諸国は争った。トップはイギリスであった。一八六九年、北京の公使R・アールコックが五頭をロンドン動物園に送り出すことに成功した。次いでドイツ、フランス……となるが、一八八八年には日本もオス・メスを手に入れている。それは上野動物園で飼育され、二回出産して順調に繁殖するように思えたが、やがて増えなくなり絶えてしまった。ヨーロッパの動物園でもシフゾウの保存を楽観していた。よく子どもを産み、合計十数頭にまで増えていたからである。

ところが一八九五年、中国のシフゾウの運命を決する大洪水が起こった。南苑にいた多くのシフゾウが破れた塀から逃れたものの、ほとんどが飢えた人々の食料とされてしまった。南苑に残ったシフゾウはわずか二〇～三〇頭だったという。

この頃、イギリスのベドフォード公爵はヨーロッパの動物園のシフゾウもやがて絶滅すると考えたのかも知れない。ヨーロッパの動物園で繁殖した子どもを少しずつ集め、結局一八頭をロンドンの北にあるウォーバーン・アベイの自分の庭園に放した。沼や湿原のある庭園でシフゾウは野生のような生活を送り、順調に繁殖し、増加していった。彼らは湿地生で、草や水生植物を好んだのである。

シフゾウの存亡　シフゾウが「南苑」で命をつなぐことができたのは、シフゾウが皇帝の狩りの対象であり、また、その肉のおいしさからであるが、その薬効も伝えられている。袋角を切り取って乾燥させた鹿茸は、ほかのシカ類のそれと同じように利用されたが、精力強壮剤としてシフゾウの鹿茸は特に珍重されたらしい。骨は骨酒とされ、今でいう美白効果に威力を発揮したそうである。また、皮は脚気対策に用いられたようだ。

一九〇〇年、中国で「義和団の乱」*が発生した。不幸にしてかろうじてシフゾウが残っていた南苑に義和団がたてこもったため、戦いの中心地となった。こうして中国のシフゾウは、飼育されていた一頭のメスを残して全滅したのだ。

一九〇一年、ベドフォードの庭園のシフゾウは二〇頭余りとなり、一九〇七年には三〇頭を超えていた。ところが第一次世界大戦（一九一四〜一八年）が終わる頃には、なぜかヨーロッパ各地の動物園のシフゾウはすべて死に絶えてしまった。一九二〇年、中国で飼育されていた一頭が老衰で死に、誰もがシフゾウは絶滅したと思った。庭園のシフゾウは一九二二年には成獣四七頭、子ども一二頭になっていたが、ベドフォード公爵は自分のシフゾウの群れのことを黙っていたからだ。「シフゾウはまだ絶滅していない」となったときの学界の驚きようは、実物を見るまでは誰もそれを信じなかったということで推察できよう。

現在、世界の動物園を中心に一五〇〇頭にまで増えているが、そのシフゾウはすべてイギリスで残ったものの子孫である。

一九八五年八月はシフゾウ、いや人類にとっても劇的な出来事が起こった月である。チェコスロバキア生まれの動物研究者マイヤ・ボイドはベドフォード公爵邸で一〇年来シフゾウを研究し、中国へ二〇頭のシフゾウを戻したのだ。シフゾウが放たれた場所は、最後の生息地「南苑」であった。一九八七年にはさらに一八頭が送り込まれ、一九八八年一一月現在では、南苑で繁殖した分も含め五三頭の個体群となっている。また、江蘇省大豊県にシフゾウ保護区が設置され、そこ

義和団　清代の白蓮教系秘密結社。義和拳教徒が組織した自衛団。1900年、外国勢力の侵入に反対して北京の各国公使館を囲み、北清事変の原因をなした。

にもイギリスの動物園から集めた三九頭が放され、今では五五頭に増えている。

さて、シフゾウは絶滅の縁から救われたのである。シフゾウには野生のものが知られていない。野生最後の生息地はどこなのだろうか。数十万年前には中国東北部にも分布していた証拠がある。一九三三年にはソワバイという学者が黄河中流域のアンヤンの近くで奇妙な角の小片を発見した。その角はほぼシフゾウのもので、人間が細工した形跡があった。細工の技術からみて、約四千年ほど前のものとされる。その地はアシが一面に生えていたらしく、同じような環境はアンヤン付近やその東部、北部に広がっていたから、このあたりが最後の生息地と考えられるようになったが、最近ではもう少し南の揚子江河口付近との説が有力になっている。いずれにしても、温かな湿地が彼らの生息地なのである。おそらく昔は北京から南の地にはたくさんいたが、開拓とともに追われ、比較的安全な環境であった皇帝の南苑のものだけが残されたのであろう。

トラ泣かせの警告音を発する　キョン

キョンは単独で生活し、丘陵地帯の森林や低木林に棲み、ヒマラヤ地方や中国の四川省などでは標高二四〇〇メートルの高山にも棲んでいる。日中は茂みに引きこもっていて、夕方遅く食事に出かけていく。深夜はまた茂みに潜んでいるが、早朝にふたたび出歩いて食べ物をあさる。彼らは用心しながらゆっくりと歩き、

◎日本にもいたシフゾウ　200〜300万年前には日本にもいて、その角の化石が千葉県や兵庫県など、足跡の化石が滋賀県から見つかっている。

◎シフゾウの角　シフゾウはオスだけに角がある。その形態がとくに変わっている。5才以上のニホンジカの角は、1本の主角が伸び、先端が二叉となり、主角の前側に枝角が2本出る。シフゾウの角は根元から少し上で前後2本の大枝に分かれ、前の大枝はさらに前後2本の小枝に分かれる。後の大枝はふつう小枝を出さず、まっすぐ後上方へ伸びる。変わっているのは、この角が年に2回生え替わること。ニホンジカは春先に根元から落ちるが、落ちるとすぐに袋角が伸び始め、秋に完成し、交尾期を迎える。シフゾウは春先と、交尾期の終わった直後の9〜11月にも落ちる個体がある。

キョン *Muntiacus reevesi*

マエガミホエジカ *Muntiacus crinifrons*

マエガミジカ *Elaphodus cephalophus*

何度もためらってじっと立ち止まるが、驚くとピョンピョンと素早く跳ねて姿を消してしまう。感覚、とくに嗅覚と聴覚がよく発達していて、敵が近づいてもすぐ気づくのである。

キョンは、捕食者が遠くに見え、直接襲い掛かってくる様子がないときには警告の吠え声を出す。警告の声というのは、近くにいる仲間に危険を知らせるために出すのがふつうであるのに、単独性の動物が出すというのは変わっている。いったん吠え始めると三〇分も吠え続け、数千メートルもの遠くまで聞こえるような大きな声なので、トラやヒョウは狩りを台無しにされてしまう。というのは、その声で数千メートルの範囲にいるすべての動物が警戒してしまうからである。

彼らはまた、捕食者に追われているときにも約三〇秒おきに鳴き続け、追跡が終わるまで、鳴き止まない。隠れるときは、頸は斜め下に伸ばして、じっと立っている。追い詰められると、吠えて前足の蹄で地面をたたき、二~三歩後ずさりをして防御の態勢をとる。彼らのおもな敵は、ヒョウ、トラ、ハイエナ、オオカミ、ワシなどである。密林に棲んでいることの多い四川省のマエガミジカのおもな敵はオオカミであるが、追われても五〇〇メートルほど逃げると立ち止まって、また食事を始めるという。

小さな牙をもつ　マエガミジカ

角はごく短く、角座も二センチほどで、基部で畝になり、眼の前方まで伸びる

◎繁殖期になるとメスはニャーニャーというような甲高い声で鳴き、オスはいくぶんウシに似た声で吠える。妊娠期間は約6ヶ月で、子は冬の終わりから早春にかけて生まれる。

柄杯ジカの化石　山東省山旺古生物化石陳列館蔵

ようなことはない。体の毛は針状毛といってよいほどに硬く、前頭部では長く伸びて一七センチに達し、馬蹄形の黒い毛冠になっており、角を隠す。オスの上顎には二・五センチになる長い牙状の犬歯があり、その先端は、ホエジカの仲間のように外方に曲がっていない。耳介の先端は白色。

毛色は亜種によって違い、四川、雲南、チベット南東部、ミャンマー北部のスーチョワンマエガミジカは、頭、頸および胴の前半部は白い霜降りのある暗褐色、後半身は一様な暗褐色で、体と尾の下部は白色だが、浙江と福建のチョーチャンマエガミジカでは、頭と頸が霜降りのない暗い灰色、毛冠と耳の一部は暗褐色、体は灰黒色である。そのほか湖北にも分布する。

標高三〇〇〇メートルから四五〇〇メートルに達する山林に棲息し、川辺のアシが茂ったところなどにいる。ふつうは単独だが、季節によってはペアで過ごす。主食は草類で、屍肉のような動物質も食べるようである。

シカなのに牙で戦う　キバノロ

野生でのキバノロの生態はよくわかっていない。棲息地の一つである揚子江流域の沼沢地では、おもに川岸に沿って生えている背の高いアシや長い草の生える草原地帯に棲んでいるが、山地や低い畑地などにも姿を現すようである。飼育下では水場がなくとも十分生きていけるが、もし近くに池やプールなどがあれば、それを利用する。このように棲息地はさまざまだが、身を隠すのに都合のよい草

◎**マエガミホエジカ**　クロホエジカともいう。からだはホエジカのなかで一番大きい。

◎キバノロは秋また初冬から交尾期が始まり、オスは互いに激しく闘う。このとき、角の代わりに牙のような犬歯を使って咬みつくわけだが、重傷を負わせることはあっても、生命にかかわることはめったにない。子は5～6月に生まれる。

丈の高い草原を好む。

食物は主に草類で、飼育下の観察ではほかの植物も食べることがわかっている。野生では明らかに社会性のある小群を作って生活している。この小群はかなり排他的で、群れから離れたシカがしばらくして帰ってきても、ほかのシカはそれを受け入れようとしないことが、飼育例で観察されている。

キバノロは、各国の動物園に送られているが、半野生の状態で飼育され、繁殖した。ところがイギリスでは、一九四〇年ころから、逃げ出したキバノロが野生化して分布を広げつつある。現在どのくらいの数が野生化しているかは明らかでないが、なにしろ彼らは身を隠すのがうまいので、その存在がなかなか確認できないのである。彼らは何かに驚くと、急いで草むらに逃げ込むし、また、ウサギのようにしばらく跳ね回ってから急に草の中に身を伏せて、姿をくらませてしまう。このようなことは、キョンや西アフリカのマメジカのような小形のシカ類が得意とするところである。

さまざまな環境でくらす　シーロー

岩の多い山地の低木林に一頭または一ペアで棲んでいる。ヒマラヤでは標高一八〇〇〜三六〇〇メートルのところまで多く見かけるが、マレー半島では標高一八〇メートル以上の傾斜の急な山の森林にいて、しばしば洞穴を利用するという変わった習性がみられる。朝と夕方に採食し、食物は林床に生えている草や低木

緑釉臥鹿　漢　陝西省博物館蔵

シーロー *Capricornis sumatrensis*

ゴーラル *Nemorhaedus goral*

の葉である。妊娠期間約七ヶ月、一産一～二仔。

ゴーラルが分布している地域では、ゴーラルが木の少ないガラガラした荒れたところにいるのに、本種は森林限界より上の低木の茂ったところにいるという具合に棲み分けている。

切り立った崖に住む山羊　ゴーラル

ゴーラルは分類学者により三種に分けられる場合と、一種三亜種とされる場合とがある。ヒマラヤゴーラル*は、ミャンマーとカシミールの北部から中国北西部の山岳地帯を経て、朝鮮、シベリア東部の沿海州のシホテアリン山脈にまで分布し、カッショクゴーラルは、チベット南東部のブラマプトラ川上流の乾燥地帯から一頭が捕らえられただけ（一九七〇年ころ）の稀な種である。アカゴーラル*は、ミャンマーとアッサム北部の山岳地帯に棲む。

ゴーラルは夏の間は草を食べ、秋になるともっと木の多い地域に移って、主に木の葉を食べる。冬は木の小枝や鼻づらで雪をかき分けてドングリを穿り出して食べる。積雪地では腹まで雪に埋まり、動くのにはジャンプしなければならない。

一九六一年まで、ゴーラルは一種しか知られていなかったが、他の二種の資料はずっと以前から学者が入手していた。一八六三年に、アッサム地方から明るい赤褐色のゴーラルが報告され、一九一二年にはチベットの住人たちがゴーラルの赤い毛皮をまとっていることが確認され、翌年には、アッサム国境付近でこれら

ヒマラヤゴーラル　中国の四川では標高1500～2600mの乾燥地で急斜面などに棲み、揚子江、鴨緑江、メコン川などの大きな河川の、ほとんど垂直に近い峡谷にもしばしば棲息する。もっと上の標高3000～4100m付近では非常に険しい谷間に棲む。シホテアリン山脈では海岸の険しい崖に棲んでいる。北方の内陸部では標高千メートル以上で、落葉樹林と小さな草木が混じる岩の多い斜面に棲む。

アカゴーラル　ヒマラヤゴーラルよりも高いところに棲息し、夏の間は標高3600mあたりを取り巻く森林限界よりも上にいて、2400m以下に降りてくることはまずない。

鹿形飾金具　戦国　高16.5cm　長13cm　伊克昭盟ジュンガル旗速機溝出土　2500年前には、いたるところで鹿がふつうに見られたであろうと想像させる、出来栄えである。

鹿（複製品）木彫り　戦国　高77cm　湖北省曽侯乙墓東室出土　体と頭は一木から掘り出し、角は本物の鹿の角を差し込んでいる。生きているがごとき造形は見慣れた動物のものである。

金銀象嵌龍鳳形方案の環　戦国　河北省中山国王墓出土　２匹の雄と２匹の雌の鹿を４足としている。身体の文様は金銀。

朱地彩絵棺の頭部側の図案　漢　湖南省馬王堆漢墓１号墓　中央部分に天鹿と神山が描かれる。鹿は狩人が追い求めるものの意から、希望の象徴として図案化されたと考えられる。

の赤いゴーラルの何頭かが射止められた。さらに一九二二年、この付近で、崖の斜面で草を食べている何頭かの赤いゴーラルが目撃されている。一九三一年にはビルマ北部のアドン谷で赤いゴーラルの捕獲に成功し、これは直ちに大英博物館へ送られた。しかし、それまでの断片的な観察や報告からは、ゴーラルについての分類学的な新しい記載をするまでには至らなかった。つまり個体変異なのか新種なのか判定が出せないでいた。

一九六〇年、大英博物館に三頭のゴーラルの毛皮でできた一枚のひざ掛けが送られてきた。これが一九三一年にビルマ北部で捕らえられたものと同じ種のものであることがわかり、これを糸口として、これまでのすべての毛皮や資料が比較・調査がなされ、ゴーラルにはもう一種があることがわかり、新種として発表された。カッショクゴーラルのタイプ標本も再調査され、これもまた別の種であることがわかった。一九六四年一月、ビルマ北部でアカゴーラルのメスが生け捕られ、ラングーン動物園に送られた。助走なしに立ったままの位置から一・八メートルの柵を跳び越すほどの〝ジャンパー〟で、いつも高さ一・六メートルの小屋の屋根の上で寝そべっていたという。高山の切り立った崖の棲息者なのである。

赤信号が灯り始めた　ヨウスコウカワイルカ

昔、失恋した姫が湖に身を投げ、このイルカになったのだという伝説がある。そして、春になると、思い切れなかった相手を捜しに、岸辺の泥をかき分けるの

長江三峡

だと伝えられる。

二十世紀初頭までは宗教上の理由で、地元漁師にまれに捕獲されるにすぎなかったが、伝統的信仰や崇拝がすたれてからは油（薬用）と肉（食用）を求めて日常的に捕獲されるようになった。また、揚子江で盛んな漁業は食物となる魚類を奪い、漁網によって死亡するケースもかなり見られる。沿岸の産業開発に伴う環境悪化、河川や湖沼の水位低下、爆破作業による事故などは生息数減少に大きな影響を及ぼした。

一九七五年以降は中国政府により法的に保護されたが、巨大な三峡ダム*（二〇〇九年度、発電予定）が建設中で、生息条件は一段と厳しくなった。

二〇〇〇年七月には国際自然保護連合（IUCN）が、『西遊記』*の沙悟浄のモデルともされるヨウスコウカワイルカ（バイジー）をはじめ、アジア地域の淡水イルカが絶滅の危機にひんしているとの報告書をまとめた。この中で、特にバイジーは個体数が数十頭にまで減少したと推定し「世界で最も絶滅の可能性が高いイルカ類だ」と指摘した。中国政府が取り組んでいる繁殖計画も頓挫したままで、保護活動に協力する日本の研究者らも焦りの色を濃くした。

IUCNによると、漁網に絡んだり、船のスクリューに巻き込まれたりして死ぬことや、水質汚染、獲物の魚の減少などが個体数減少の要因。一九九七年に行われた調査で確認されたのはわずか一三頭にとどまっている。中国政府は、捕獲して自然を生かした保護区に移し、繁殖させることを計画したが、野生個体の捕獲

三峡ダム　長江中流部の三峡に建設している多目的ダム。堰堤の高さ185m、長さ1983m、貯水量393億立方m。

西遊記　明代の長編小説。呉承恩作。唐の高僧玄奘三蔵が天竺（インド）への道を踏破して中国に経典をもたらした史実にもとづくもの。四大奇書の一つ。沙悟浄は副主人公の河童（かっぱ）。

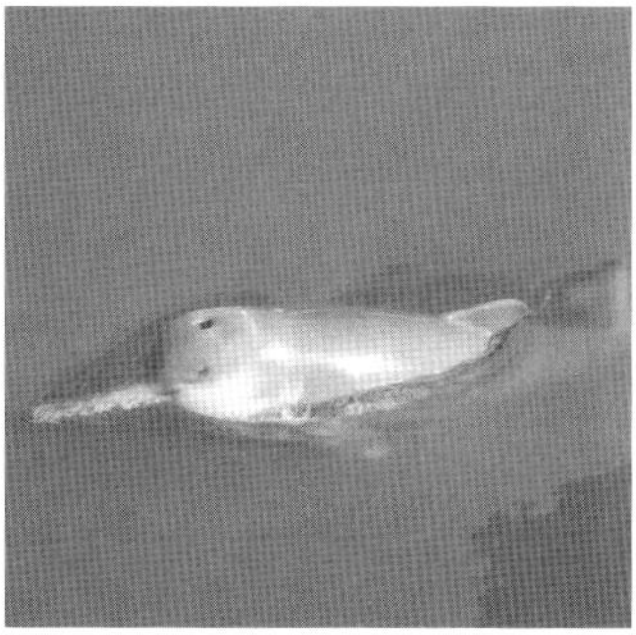

ヨウスコウカワイルカ
Lipotes vexillifer

が成功しておらず、計画はストップしている。IUCNは「最も確実な推定個体数は五〇頭未満。繁殖計画は失敗し、種の生存の望みはほとんどない」としている。

バイジーに関しては、日本の研究者や水族館関係者が一九八九年に「カワイルカ保護協議会」を設立。募金活動を進めている。協議会代表の神谷敏郎・筑波大名誉教授はその年の五月、世界で唯一バイジーを飼育している中国科学院武漢水生生物研究所を訪問し、保護対策などを協議した。同研究所などは、保護区での繁殖とは別に、飼育しているオスの〝チーチー〟の相手になるメスを捕獲して繁殖を図ろうとしていた。チーチーは一九八〇年一月に洞庭湖付近の長江で頸に大怪我をしていたところを保護された。中国政府から第一級保護動物に指定され、同研究所で一時メスと同居していたが、一九八九年にはそのメスが死亡したため別のメスを探していたのである。

ところが、二〇〇二年七月に人工飼育の中国のヨウスコウカワイルカが死亡したとのニュースが流れた。チーチーである。世界で唯一人工飼育されていたが、推定年齢は二五歳、おそらく老衰が死因、と見られた。数年以内に絶滅宣言が出されるだろうという状況に陥ったのである。

その風貌も山嵐　ヤマアラシ

ボウボウのトゲだらけの姿で良く知られる。ヤマアラシは、単独かまたはペアで暮らしている。おもに草本の茂った岩のある山地に棲み、日中は地中の穴や岩

ヒマラヤヤマアラシ
Hystrix hodgsoni

の間で過ごし、夜間に出歩いて草の根や芽、樹皮、落ちた果実を食べている。耕地に出てきて作物に被害を及ぼすこともある。

ヤマアラシのトゲは毛の変化したもので、奇妙な姿でもやはり齧歯類である証拠には、上下の顎に頑丈なノミ状の門歯がある。この門歯は歯根から絶えず伸びているが、常に使っているので自然にすり減っている。*

トゲだらけのヤマアラシには敵がいないように見える。実際、ヤマアラシをうまく捕らえられるのはヒョウとかリカオンのような大形肉食獣だけで、それもひどく空腹なときにしか襲わない。子どものヤマアラシはよく襲うし、経験豊かな捕食者は、ヤマアラシを弾き飛ばして軟らかい下腹を向けた時に襲いかかる。アフリカでは、ライオンも捕食者だが、とくに子連れの年寄りメスとか、歯を痛めたり体の弱っているような個体が、すばやく動く獲物を敬遠して、ヤマアラシを狙う。それでもライオンは口や足にトゲをたてててひどい目にあうのである。

ヤマアラシの防御法は、トゲを立てて広げ、ザーザーと音を立てて攻撃を警告してから後ろ向きに敵に突進する。トゲは皮膚にゆるく絡まっているだけなので、簡単に抜けて敵の肉に突き刺さる。しかも先端には逆向きの返しがあるので、被害者が動けば動くほど深く食い込み、やがて心臓などの内臓を傷つけるのである。

この恐ろしい〝トゲの戦車〟も、人間にはかなわない。アフリカでは原住民は好んでヤマアラシの肉を食べ、見つけ次第簡単に捕らえてしまうのである。

ヤマアラシの骨かじり　ヤマアラシの習性に、骨をかじることが知られているが、これは伸び続ける門歯をすり減らすためだという人がいるが、ヤマアラシは骨に含まれるリンと石灰分をとっているにすぎない。

◎ヤマアラシの繁殖は毎年初めに行われ、妊娠期間は83〜112日、一産2〜3仔を産む。子は、草や木の葉、根などでつくられた巣の中で誕生する。すでに眼は開き、トゲもあるがまだ柔らかくて曲がりやすい。トゲは10日以内に硬くなる。最初は白と黒の縞模様である。

暖温帯に棲む主な動物

種名	体長＋尾長 [cm]	体重 [kg]	分布	CITES RDB
ツキノワグマ *Selenarctos thibetanus*	120～180＋7～11	65～150	南西アジアから中国、日本	I VU
シナイタチアナグマ *Melogale moschata*	33～39＋19～26	約300g	アッサムから中国	
カニクイマングース *Herpestes urva*	47～59＋29～42	約3.4	ネパールから中国南部	
ハクビシン *Paguma larvata*	51～76＋40～60	3.6～6	ヒマラヤから中国南東部	
シフゾウ *Elaphurus davidianus*	肩高115	150～200	野生種は絶滅したが、揚子江下流域に棲息したらしい。	EW
キョン *Muntiacus reevesi*	肩高40～80		中国の揚子江流域、台湾	
マエガミホエジカ *Muntjacus crinifrons*	肩高約62.5		チョーチャン（浙江省）	I VU
キバノロ *Hydropotes inermis*	肩高45～55	9～16	中国の揚子江沿岸、朝鮮	
マエガミジカ *Elaphodus cephalophus*	肩高52～72	17～50	朝鮮、中国、ミャンマー北部	
シーロー *Capricornis sumatrensis*	肩高85～105	55～140	ヒマラヤから中国南西部など	I VU
ゴーラル *Nemorhaedus goral*	肩高58～71	22～32	ヒマラヤから中国西部・中部	I
ヨウスコウカワイルカ *Lipotes vexillifer*	全長230～250	135～230	揚子江の中・下流域	I CR
ヒマラヤヤマアラシ *Hystrix hodgsoni*	58～65＋6～10	15～32	ネパールから中国南部、海南島	
アジアフサオヤマアラシ *Atherurus macrourus*	50～55＋22～25		アッサムから中国南部、海南島	I

第五章　温帯・高原

――最後の楽園

中国の地形は西高東低となっている。地勢は西から東へ、平均高度四五〇〇メートルの青蔵高原（青海省・西蔵《チベット》自治区）、さらに標高一〇〇〇〜二〇〇〇メートルの内蒙古・黄土・雲貴の三大高原と、四川・塔里木《タリム》・柴達木《ツァイダム》の三大盆地があり、そこから東に大平原が広がっている。黄河も揚子江も、西の山々を源流として東に流れ海に注いでいる。

温帯高原は、世界の屋根といわれるこの青蔵高原にほぼ属する。ここには世界最高峰の珠穆朗瑪《チョモランマ》（八八四八メートル）をはじめ一四の八〇〇〇メートル以上の山がそびえる。もちろん過酷な環境は、暖温帯とうってかわって人の侵入も拒んできた。約四五〇万人の、かつて吐蕃《とばん》と呼ばれたチベット族と、麓の青海省・四川省の高地に漢族がいるのみである。

この地域は暖温帯とともに、旧北区と東洋区の移行帯と考えてよいだろう。南西部に広がる東洋区の高地は、現在、もっとも注目すべき地域である。高い山や峡谷が点在し、地形の起伏が非常に大きく、自然条件の垂直的な変化は明瞭である。これに対応して、動物の分布もはっきりとした垂直的変化を示すのがこの地域の特徴である。

繰り返された氷河期にも氷蓋に覆われなかったと考えられ、まさに生き物たちの避難所として存在し続けてきた。著名なジャイアントパンダとレッサーパンダはここの住人である。ナキウサギ、カゲネズミ類、食虫類などの小形獣が岩陰に潜む。北方系のバーラル、ヒマラヤマーモット が進出し、南方系のアカゲザルな

青蔵高原

チョモランマ峰

どがいる。明らかに南北両方の構成成分が入り混じって棲息しているのである。

かつては中国に広く分布していて、学術的にもきわめて重要なターキンをはじめ、ミミヒミズ、ホソヒメモグラ、ユンナンヒミズ、カンスーヒミズ、ヒミズトガリネズミ、ミズカキカワネズミなど貴重な食虫類もみられる。南面の針葉樹林帯より下に広がる広葉樹林帯にはヒマラヤタール、ハヌマンラングールが生息する。この地域の捕食者としては、ヒョウも生息するが、ユキヒョウが代表的であり、群れをなすイヌ科のハンターであるドールも良く知られている。

この章に登場するジャイアントパンダは、今や誰一人知らぬ者はない、中国が世界に誇る有名な動物である。

だが、その発見はわずか百三十数年前の話である。

前の章のシフゾウや、この章のレッサーパンダもほぼ同じころの発見である。しかもいずれも中国人の手による発見ではなく、欧米列強が力ずくで扉を開き、欧米の学者・探検家が先を競って中国奥地になだれ込み、発見した。

あるものは殺され皮をはがれ、あるものは生きたまま遠い旅路を強いられて、本国に送られた。

その発見が種の運命をもてあそび、今なお希少動物として滅亡の危機にさらされている。「新種発見」という一片のニュースが平和な日々を送ってきた動物を絶滅の危機に追い込む。保護動物や天然記念物に指定されたためにかえって危機にさらされることも少なからずある。人間の欲望のすさまじさを痛感する。

謎の動物"イエティ"の正体　ユキヒョウ

美しい名前をもった猛獣である。ユキヒョウはその名のごとく、ヒマラヤから中央アジア高地の雪線付近に棲息するヒョウの一種である。彼らは夏になると標高二七〇〇メートルから六〇〇〇メートルの間のお花畑や岩場で生活するが、冬になると標高一八〇〇メートル以下の森林に移り棲む。ユキヒョウは獲物と共に山を下るのだ。

岩穴、あるいは岩の割れ目を巣穴とし、行動圏内にいくつかそのような場所をもっていて、そこを回りながら活動する。あるテレビ・クルーが「ヒマラヤの雪男」探しに出かけた際、高山の稜線の直下で岩穴を見つけた。入り口は人間がやっと入れるほどで、奥行き三メートルほどである。内部には何もなかったが、獣の匂いがあったため、そこが雪男の避難所らしいということで、奥にカメラをセットした。むろんレンズは入り口に向けてだ。赤外線スイッチで、入り口から入ったものが赤外線を遮断すると、カメラが作動するしくみである。

数日後、岩屋をのぞいてみると、カメラは三脚ごと倒され、カメラを肩からかける幅広のストラップがちぎれていた。相当な力の持ち主が、フラッシュに驚いてカメラをはねとばしたらしい。スタッフ一同、「雪男の撮影に成功！」と喜んだのだった。岩屋を出たところに太い見事な糞が一本残されていた。スタッフはそれを丁寧にポリ袋に収納し、日本まで持ち帰ってきた。

鹿を襲う豹　青銅飾板　漢　伊克昭盟地方収集

さて、フィルムを現像してみると、何も写っていなかった。スタッフは全員、ショックで何もする気がなくなったという。その謎の獣は赤外線に引っかからずに洞窟に入ったのだ。私は糞を鑑定した。おそるおそるポリ袋の口を開く。もしも人間のものだったら、という心配があるし、そんなときはゾッとするから、ゆっくり、そっと匂いを嗅ぐわけだ。プーンと鼻腔に達したのはネコ科動物に特有のわずかに甘ったるい匂いだった。そう、ユキヒョウの糞だったのである。糞の大部分は野生ヒツジの一種バーラルとおぼしきものの毛だった。

古くからヒマラヤの雪男の足跡はユキヒョウのものではないかという説がある。ユキヒョウは非常に用心深く、早朝と夕暮れ時にもっとも活発になる。彼らは尾根すじ、断崖の稜線や崖下に沿って行動し、獲物を求める。ユキヒョウはヒョウよりもやや小形だが、優美でかつ力強い。十五メートルもの距離がある断崖を飛び越え、六メートルも垂直に跳び上がる。このジャンプ力を生かして一跳びで獲物を倒すのだ。

なぜこれほど優れたハンターであるユキヒョウが、居心地の悪い高山帯にしか棲息しないのかまだよくは分かっていないが、おそらくヒョウとの競合に負けたからにちがいない。ヒョウは敏捷さと狡猾さを武器に、北は極東のアムール・ウスリから東南アジアの熱帯、そして西アジアの半砂漠地帯、アフリカのサバンナから森林までを占有し、ユキヒョウは高山帯にのみかろうじて残った、という図式だろう。だが本当のところは分かっていない。ユキヒョウの棲息地が高山帯ということもあって、彼らの生活は、まだ、ほとんどわかっていないのである。

変幻自在な狩りの名人　ドール

アカオオカミともいう。ドールはさまざまな環境に棲息する。ロシアの高山地帯や深い森、チベットの標高一八八〇～五八五〇メートルもの山地の高原、インドの薮の繁った密林や森林、中央アジアのステップなどで生活している。

彼らはおもに午後遅く、まだ明るいうちから狩りに出るが、早朝に狩りを行うことも稀ではない。彼らは獲物を群れで一斉に追う。A・J・T・ジョンシンハによれば、追跡は四八例中四四回が五〇〇メートル以内で決着がつけられた。また、追跡が五キロ以上にわたったのはわずか二回だったたという。ドールのチームワークの良さとスピードが短距離での狩りを成功させるのだ（『アニマ』一九九一年二月、平凡社）。

狩りの方法には二つある。一つは群れの全員が薮をぬって、その先にいる獲物に襲いかかるというオーソドックスな方法だが、もう一つは周辺の薮に仲間が潜み、ほかの個体が獲物のいる薮に入って獲物を狩り立てるというものである。

ドールは、中形の草食獣を捕食するが、ガウルやスイギュウなどの大形草食獣やヒマラヤグマ、ナマケグマなどをも攻撃する。このため、ヒョウやトラなどの大形食肉類と獲物をめぐって衝突することもあり、ドールは群れの威力で彼らを追い払ってしまうこともある。獲物を倒すとすぐにガツガツと食べるが、争うこ

残忍な殺し屋ドール　ドールの狩りのしかたは、獲物の大きさによって違うという。シカの子どもやノウサギだと咬みついてから激しく頭を振って、一瞬のうちに絶命させる。大形の獲物では、尻や腹に咬みつき、内臓を引き出してショック状態にして死亡させる。これが「残忍な殺し屋」に見えるのである。シカの成獣は鼻に咬みついて殺すのがふつうである。この方法だと、シカが角を使って反撃しようにも反撃できないのだ。

ユキヒョウ
Panthera uncia

チベットスナギツネ
Vulpes ferrilata

ドール
Cuon alpinus

とはない。真っ先に肝臓や心臓が食べられる。子ジカなどは一瞬で食べ尽くされる。彼らは一頭が四～五キロを食べる。自重の二五パーセントにも当たる。

フォックス*は一九七四年にインド南部で採集したドールの糞一三八個の分析を行い、アキシスジカ（チータル）が七四パーセント、スイロクが九パーセント、同定不能の小形哺乳類が九パーセント、家畜のウシが二パーセントという結果を得た。また、同じ地域でバーネットらが一九七五年に行った一五〇個の糞の分析では、インドノウサギが二四パーセント、アキシスジカが一九パーセント、スイロク一五パーセント、野ネズミの一種ミラードヤワゲネズミが一四パーセント、イノシシが一一パーセント、昆虫五パーセント、家畜ウシが二パーセントの頻度で出現したという。

家族群からなる五～一二頭の群れで暮らし、ときには二〇～四〇頭もの群れをなす。行動圏は一五頭の群れで三〇～四〇平方キロ、隣の群れのものとは重複せず、境界付近に糞で大々的にマーキングするので、俗に〝ドールの便所〟と呼ばれている。群れの構造の詳細は知られていないが、雌よりも雄の数が多く、繁殖するのは強い雌一頭だけである。

ドールはシカ類を大量に殺すので、時に狩猟の対象とされるが、自然の生態系の中ではバランスを保つ上で重要な役割を果たしている。つまり、彼らはシカ類による植生の完全な破壊を防いでいるからである。もっとも人間の手による自然破壊には、いかにドールといえども手の下しようはないのだが……。

マイケル・W・フォックス 1937年生まれ。イギリスの動物学者で獣医師。

高山の謎の狐　チベットスナギツネ

チベットスナギツネの生活などに関してはほとんど何も知られていない。棲息地がチベットにほぼ限られているためである。彼らは標高三〇〇〇メートル以上に達する高山の高原や乾燥地に棲んでいる。コサックギツネによく似ており、近縁であることから、コサックギツネとの競合の結果、高地にのみ生き残るようになったのかもしれない。一九七七年、ミッシェルはネパールのムスタン地域の標高三〇〇〇〜三三〇〇メートルの高山帯の荒れ果てた斜面や干上がった川床でチベットスナギツネの棲息痕を見ている。その地域ではチベットスナギツネはふつうの動物であり、雪が降ると小麦畑の周辺や川の土手沿いに彼らの痕跡物や足跡を見つけることができるという。彼らは堆積した玉石の下や大きな岩の下に巣穴を設ける。

肉食性で、クチグロナキウサギを捕獲するのが観察されている。ナキウサギはチベット高原にはチュウゴクアカナキウサギ、ヒマラヤナキウサギなど数種いるが、チベットスナギツネはこうした獲物を主食にしているのかもしれない。ナキウサギは体重が二〇〇グラム前後あり、岩陰や土穴から出て「ピューッ！」と鳴く習性があるために、獲物としては大きさも手ごろだし、入手しやすいと考えられる。

ミッシェルが川床や堆積した岩の上や麦畑で狩りをするペアを観察していると

ころからみて、彼らは単独性ではないようである。

本家パンダ　レッサーパンダ

一八二五年六月、フランスの動物学者ジョルジュ・キュビエ*の子フレデリックは、科学界にとって耳新しい動物のことを、まさに華々しく初めて公にした。ヒマラヤで発見されたこの動物の一般名は「パンダ」であった。学会ではアイルルス・フルゲンス、つまり「炎色猫」とか「光る猫」という意味の学名がつけられた。この動物についてキュビエは次のように記している。「このパンダの属名として、外見がネコに似ていることからアイルルス、また種名として、目を引くような色彩をもつことからフルゲンスと呼びたい」。さらに、この珍しい生き物は、彼の考えでは現存する哺乳動物の中でもっとも見栄えがすると付け加えた。

現在では、この動物はレッサーパンダと呼ばれている。黒白のジャイアントパンダではない。しかし半世紀の間、キュビエのパンダはヨーロッパで知られた唯一のパンダであったし、極めて興味深い、珍しい動物であった。つい最近まで、パンダと言えば赤いレッサーパンダを指したものだ。このレッサーパンダでさえ、長い間、謎の動物とされ、生きたものは一頭も西洋の地に届いていなかった。

ほぼ二〇年もたった時、イギリスの一人のナチュラリストが、パンダに関して詳しい情報を送った。その人とはブライアン・ホッジソンであった。

孤独で独学のナチュラリストであったホッジソンは、まことに鋭い動物観察者

ジョルジュ・キュビエ〔1769–1832〕　動物界を4部門15群に分ける。1812年、当時知られていた現生および化石の脊椎動物の骨格をすべて図示した大著を発行。「科学界のナポレオン」と称される。

レッサーパンダ *Ailurus fulgens*

だった。レッサーパンダについての知識のほとんどは、彼がネパールで捕らえた数頭の生きた個体の行動に基づいたものだ。たくさんのパンダが彼のところに連れてこられたのは、「つかまらないほどの素早さやこすっからさや凶暴さがなく」簡単に捕獲できたからである。唯一の経済的価値は毛皮帽製造だった。

野生のパンダは木の上にいることの多い木登り上手であるが、子を産み、餌を採るのは主として地上であり、避難先は岩という自然の砦である。ヨーロッパではキュビエが「人間の知っているもっとも美しい生き物」と言ったこともあって、生きたパンダの到着を待ち望んでいた。

一八六九年になって、三頭のパンダがイギリスへと送り出された。しかし、二頭は紅海の航海中に暑さで死に、一頭だけがかろうじてロンドン動物園に着いた。五月二十二日のことだった。この哀れな生き物は、とても消耗しきっていて、立つこともできず、長い檻の一方から他方へやっと這ってゆけるほど弱っていた。排泄物にまみれ、泡だらけ泥だらけだった。だから、ヨーロッパに初めてやってきたにも関わらず、パンダは変わった珍しいものではあっても、動物の好きな大衆にもほとんど反響を与えなかった。汚かったこともあるが、それにアカギツネやアライグマとあまり違わず、半夜行性であって、ひときわ引き立つ姿を人々の前に完全には現さなかったからである。しかも、一八六九年十二月十二日の夜、突然、死んでしまったのだ。ヨーロッパの人々は失望し、忘れ去っていった。

生きているぬいぐるみ　ジャイアントパンダ

レッサーパンダがヨーロッパに送り出されようとしているちょうどその頃、黒白のパンダが、いよいよ発見されようとしていた。十九世紀の中頃でもまだ中国ではその豊かな動植物はほとんどが調査されずに残っていた。

当時、西欧諸国国家の軍事的圧力により、中国の皇帝は外国の侵入を認めざるを得なかった。宣教師と貿易商の立場はずっと安定したものとなり、活動範囲も広がった。そこで西欧人は、中国奥地の珍しい動植物を知ることができるようになった。

その中でフランスのカトリック神父ペレ・アルマン・ダヴィド神父*の存在は大きい。十年間も待ち続けた中国への出発前、彼は植物学や動物学の資料を収集するため、パリ自然史博物館のお墨付きをもらった。それを北京に着く早々実行に移し、標本の素晴らしさで博物館長アンリ・ミルヌ＝エドヴァールを感心させたので、ダヴィド神父にはフランス政府許可の特別な科学研究をしてもらうことになった。ダヴィド神父は一八六二年から一八七四年まで中国にいて、その間、パリ自然史博物館のため三度におよぶ重要な旅をした。

ジャイアントパンダの発見は、その二度目の旅の間のことである。この時は四川省や中国の西部地方奥地にまで及び、一八六八年五月二十六日より一八七〇年七月二十五日にわたった。農業開発による山林伐採を逃れていった興味ある動物

ダヴィド神父　ジャイアントパンダの発見者として知られる。中国滞在中、莫大なコレクションを西欧に送り、数々の素晴らしい新種を紹介した。新しい58種の鳥類、100種近い昆虫、数多くの哺乳類を発見している。「金絲猴」として知られるチベットコバナテングザルや「ダヴィド神父のシカ」として知られるシフゾウが含まれている。

が高い山にいるという仲間の宣教師の報告で、彼は中国西部地方へ出かけることになった。一八六八年十月十三日、重慶への急流をさかのぼる長江遡航の危険な旅へ出た。ダヴィド神父は六週間後、疲労困憊の末に重慶にたどり着いた。

黒白のパンダそのものの記述がダヴィド神父の日記に登場するのは、一八六九年三月十一日のことである。その日は快晴で、一人の学生を連れて神父はホン・チャン・チン渓谷へ調査に出かけた。「その帰り道、リー何某という、その渓谷の地主の家で一服することになり、お茶と菓子をご馳走になる。この異教徒のところで、私はかの有名な黒色と白色のクマの見事な毛皮を見る。それは大きなものだった。驚くべきもので、近いうちその動物を届けるという猟師の話には感激した。どうやら科学的に極めて珍しいものと思えるこの食肉類を獲りに、明日早く出かけるというのである」。

次いで、三月二十三日に彼はこう記している。「猟師たちが今日十日ぶりに帰ってきた。私のために小さな白熊をもってきてくれたのである。生きたのを捕まえたのに、運ぶのに都合のいいようにと、残念ながら殺されていた」。

そして、「たいへん高く売りつけられた白熊の子どもは、真っ黒な四肢、耳、それに眼の周りを除いては真っ白である。色は過日、猟師リーの家で調べた成獣の毛皮とそっくりである。したがって、これはクマ属の新種に違いなく、単にその色からだけでなく、毛の垂れた足からも、またその他の特徴からも、そのことは顕著である」と。さらに四月一日、「彼らが私に語った白熊の完全な成獣をも

ってきたとき、確信はいっそう強いものとなった。その色は先の子どもとまったく同じで、ただ黒色が真っ黒でなく、白色はやや濁った白色である。この動物の頭は極めて大きく、鼻面は北京のクマのように尖ってはおらず、丸く短い」。

一八七四年、最初のジャイアントパンダの詳しい解剖結果が発表された。一枚の見事な絵と六枚の骨格図がついていた。アルフォンス・ミルヌ＝エドヴァールが父アンリとの共同で一八六八年から一八七四年にかけて『哺乳動物の博物学的研究』という題名で出版した哺乳類の博物学に関する一連の書物の中においてだった。そして、「ジャイアントパンダが現在の分類上で占める位置は、クマとレッサーパンダの中間である」と結論した。

学名が付けられ、標本が完備されてもジャイアントパンダはその後長い間、依然として謎の生き物であり続けた。

神秘的なベールの奥に隠れたジャイアントパンダを手に入れ、この珍しく美しい動物を展示して自分たちの博物館を有名にしたいと願う不敵な欧米人によって、やがて竹林山中のジャイアントパンダの棲息地の平和は破られた。珍獣を求めて中国へと西洋の動物学者や狩猟家たちが入り込んだのである。皮肉なもので、そうなったことがジャイアントパンダの人気を急上昇させた。

パンダ発見後三〇年近くたって、英国と米国は中国に新しい探検隊を派遣した。この学術探検には、マルコム・アンダーソン*も参加したらしい。一九〇五年に日本から中国へと渡っているからだ。植物学者や動物学者たちの中にアーネスト・

マルコム・アンダーソン　日本各地で動物標本を集め、最後のニホンオオカミを手に入れたアメリカ人。

H・ウィルソンとワルター・ザピーがいた。ウィルソンは土地の住民から集めた情報をもれなく記録し、パンダがとりわけよくタケノコを食べると記している。

「パンダを射止める！」と宣言してそれを初めて成功させたのはアメリカ大統領で熱烈な大型動物狩猟家として有名なセオドア・ルーズベルトの二人の息子だった。ルーズベルト兄弟は大胆な計画を立てた。インドシナから中国西部一帯で狩猟探検を試み、パンダを撃つまでは家へ帰らないと誓ったのだ。彼らは選りすぐりのハンターを引き連れて出発した。一九二八年のことである。

翌年、ニューヨークで出版した『パンダを追って』の中で、ルーズベルト隊はやっとのことでつかんだその勝利をこう記している。「四月十三日朝、シーファン山脈の打箭炉の南、野勒近くの雪の中にパンダの足跡を見つけた。それは雪の降りやむ前に通ったものだったが、イ族の一人が見つけた兆候からすると最近のもので、四人の土地の人を興奮させるに十分であった。二時間半、跡をつけて、少し密林の開けたところに出た。図らずも近くでチューチューという音を耳にした。イ族の一人が飛び出した。四〇ヤードも行かぬうちに、振り向いて早く来いと合図した。私が側に行くと、彼は三〇ヤード先の大きなエゾマツを指した。幹は空洞で、そこから白熊の頭と上半身が出ていた。あたりを眠そうに見てから、散歩に行くようにゆっくり竹林の中へ歩いていった。テッドが駆けつけてくると同時に、パンダの消えた跡に向かって撃った。どちらの銃にも手応えがあった。それは年取った見事なオスで、この野勒地方で獲ったものとしては初めての記録

アーネスト・ヘンリー・ウィルソン アメリカの植物学者。1914（大正3）年、巨大な空間をつくる屋久杉の切り株をみつけ、屋久島の森を広く世界に紹介した。推定樹齢三千年ともいわれるこの株は「ウィルソン株」と呼ばれている。

であった。この幸運はたいへんな努力を払った結果得られたのである。お預けを食らった後、狩猟の神がこちらへ振り向いてくれ、しかもイヌなしで跡をつけて、パンダを撃つことができるような一連の状況を整えてくれたので、いっしょに撃つという願ってもない幸運が得られたのである。」

今となると、昼寝をしていた罪もないパンダ、まったく無抵抗のパンダがなぜ撃たれなければならなかったのかということになるが、当時はこの射殺がルーズベルト探検隊の偉業とされたのである。ルーズベルト隊の手にした完全に成長したオスのパンダの皮は、探検隊が土地の猟師から得た別の標本といっしょにアメリカへ持ち帰られ、シカゴの自然博物館に誇らしげに展示された。シカゴでのこの展示はほかのアメリカの博物館の羨望の的となり、ルーズベルトの例に負けるなとばかり、探検隊ラッシュを招いた。一九三四年末までに三〇頭近くのパンダが捕獲され、そのほとんどがアメリカへと送られたのである。

さて、二十世紀も半ばに近づいたにも関わらず、欧米の一般庶民が熱望する生きたパンダはやってこなかった。珍獣たるゆえんだ。ダヴィド神父は生きたパンダをパリへと送り出したらしいが、生きて到着したのかどうか記録はない。欧米の博物館にパンダの標本が集まるにつれて、野心的なハンターたちは、お望みのものを生きたまま捕らえる夢に取り付かれていった。

一九三四年の夏、アメリカのウィリアム・ハークネス・ジュニア*はブロンクス動物園に生きたパンダを提供しようと準備していた。彼は、秋の初め、四人の屈

ウィリアム・ハークネス・ジュニア　数頭の生きたコモドドラゴンをオランダ領東インド諸島のコモド島で捕らえ、それをその年の5月に持ち帰ったことで大評判となっていた。アメリカ人。

ジャイアントパンダ
Ailuropoda melanoleuca

強な若者を連れ、極東に向け船出した。ハークネス隊は一九三五年一月末に上海に着いたが、異国のこと、不運が重なって隊員は分散し、彼は一人になってしまった。そして翌年二月、ハークネスは幻のパンダを見ることなく上海で客死した。

夫人のルース・ハークネスは、さまざまな情報から、夫が中国に滞在した十三ヶ月の間に起きた出来事をできる限り集めた。そして、夫が死んだショックから立ち直った彼女は、探検を「引き継ぐ」といって一九三六年の四月にはアメリカを発ったのである。その美しさとは裏腹に、彼女が強靱な神経の持ち主であることが分かる。彼女の周囲にいた人々が驚愕したことは言うまでもない。ルースの目的は、生きたパンダを持ち帰ることだった。が、彼女には動物収集の実際の経験はない。彼女を助けたのは、中国人ハンター、ジャック・ヤング*だった。アメリカにいたジャックは、彼女に中国にいる弟のクェンチンを紹介した。

九月二十六日、彼女とクェンチン・ヤングは奥地に向け上海を出発した。約二四〇〇キロに及ぶ退屈な長江の船旅の後、重慶に着き、そこで生きたパンダを探す競争相手の一隊が彼女らより三週間も前に通過したというニュースを耳にした。ルースは準備を急ぎ、直ちに目的地へと発った。しかし、彼女は山歩きに慣れてなく、悲惨な探検行となった。キャンプの連続だったが、ついに彼らはワスーの古い王国にある草坡の村にキャンプした。そこでクェンチンは土地の猟師から話を聞き、翌朝、ルースを置いて出かけた。三日後、彼は隣村で有望な情報を得て戻り、いよいよパンダの捕獲が現実のものとなろうとした。

ジャック・ヤング チベットや中国西部への科学探検でその名を馳せ、1928年のルーズベルト兄弟の探検にも加わった。アメリカ人。

十一月四日には探検隊の最初のパンダ捕獲作戦キャンプが村から一日行程のところに設営された。これから対面する凶暴な獲物を予期して、捕獲用の特製ワイヤーとロープ、首輪と鎖、パンダを押さえつけるための大きな鉄製のはさみ道具、それに狩猟の成功を祈って山の神に捧げる赤いニワトリをクェンチンが取りに戻った。ルース・ハークネスはベースキャンプに留まり、四週間ないし六週間のキャンプ設営の準備をし、クェンチンの方は山のもっと高いところに自分用のキャンプと第三キャンプを設営した。数日してクェンチンが帰ってきて、すべて順調だと伝えた。ルースは翌日、急傾斜の斜面を登り、湿地帯を越え、竹の密林をかき分け、残雪に足を取られ、高さ九～一二メートルもあるシャクナゲのブッシュをかき分けて、十一月八日の夕方、彼女は疲労困憊、全身びしょ濡れになってようやくにして第三キャンプに到達した。が、その苦労はすぐに報われた。翌日、彼女は歴史を塗り変えたのである。

その朝、ハークネス夫人、クェンチン・ヤング、老ツァン、それに土地の猟師たちは、罠を調べに出発した。やがてパンダを見かけた老ツァンが禁止されていたにも関わらず発砲し、猟師たちは竹の密林に突進して行った。ルースとクェンチンがそこに残った。

「私たちはしばらく耳を澄ませ、竹がまばらになり、数本の大木に通じる方へと数メートル前進した。クェンチンがふと立ち止まったので、ぶつかってしまい私たちは折り重なって倒れそうになった。彼はほんの一瞬じっと耳を澄ませてか

◎「**パンダ・アドベンチャー**」
ルース・ハークネスの実話は、中国の雄大な景色を背景に映画化されている。原題「CHINA : THE PANDA ADVENTURE」

ら、私が追いつけないほどの速さで進み出した。垂れ下がって濡れた小枝越しに、彼が大きな朽ちた木のそばにいるのがぼんやり見えた。私は顔や眼に水がかかって眼が見えず、つまずいた。それで私もそのまま立ち止まっていた。古い枯れた木のあたりで赤ん坊の泣く声がした。一瞬、私は麻痺したに違いない。というのもクェンチンが私のところへ来て、彼の腕につかまるまで身動きできなかったからである。彼の両手のひらには、白熊のモグモグ動く赤ん坊があった」と、彼女は二年後出版された『レディーとパンダ』の中で述べている。パンダを初めて腕に抱いた感動を、「小さな黒白のボールは、私の上着に鼻をこすり付け、突然、幼い本能から私の胸をまさぐった」と書いている。キャンプに戻ったとき、重い捕獲用の特製ワイヤーとロープ、首輪と鎖、パンダを押さえつけるための大きな鉄製のはさみ道具、それに狩猟の成功を祈って山の神に捧げる赤いニワトリが、大汗をかきながら登ってきたポーターの一隊によって運ばれてきた。まだ眼の開いていないこの小さな生き物こそが、生きたまま欧米に渡った最初のパンダ*だった。

最初のパンダ　スーリンと名づけられ、20世紀においてもっとも有名な動物になった。ちなみに「スーリン」とは名ハンターであるジャック・ヤングの奥さんの名であり、「とても美しいものの片鱗」の意味である

塩に集まる山羊　ターキン

不恰好なつくりだがターキンは見かけによらず身のこなしが軽快で、タケやシャクナゲなどに覆われた、標高二〇〇〇〜三〇〇〇メートルの極めて急な山地に棲む。中国西部では夏になるとトウヒやマツに覆われた、三〇〇〇〜四二〇〇メートルほどの高地で過ごす。ふつう、深い茂みの中や崖の縁などを通り、岩塩の

ある場所や水場、それに採食地などに通じる通路を作っている。そして、夕方から明け方にかけて茂みから出てきて、おもに木の葉や小枝、ときにはタケノコなどを食べる。日中は反芻して休息していると思われるが、曇りや霧の日には、日中も出てくることがある。成獣のオスは単独であることが多いが、メスは小群を作る。しかし、夏には集合する傾向があり、ときには三〇〇頭ほども集まった例もある。ターキンの好物は塩で、塩類を含む土などをよくなめる。森林内で岩塩のある場所を頻繁に訪れる。温泉を飲んだという例も知られる。このような塩場にたくさんのターキンが集まるのである。

中国ではターキンは昔は薬用に捕獲されたくらいで、最近まで多数が棲んでいた。しかし、狩猟によって激減し、亜種によっては、隔離された地域個体群として少数しか見られない場合があり、保護の必要が叫ばれている。

ターキンは動物学的に未知の点が多い。生態についてもなお分かっていないが、系統についてはとくに問題にされている。ふつうウシ科のヤギ亜科ジャコウウシ族に入れられ、カモシカ類と近縁のものとされる。同じヤギ亜科でもがっしりしたカモシカと見なす見解もある。

ともかくこうした理由があって中国では第一級保護動物として大切に保護しているのである。

聞き慣れない動物　ヒマラヤタール

タールは野生ヤギ類の一種である。この野生ヤギ類は種類が多く、ヨーロッパ（特にアルプス山脈）やアフリカ、地中海のいくつかの島々、近東、コーカサスやアジアの山岳地方、ヒマラヤまでよく姿を見かけるアイベックス、コーカサスに棲むツール、アフガニスタンのマーコール、アラビア、インド南部、ヒマラヤの山岳地帯にヒマラヤタール、ニルギリタールそしてアラビアタールがいる。

タールは現在でも動物園でほとんど見ることができないから、一般の人に実際に知られていないのは当然であるが、彼らの飼育には困難が多い。タールには自由と空間が必要だからである。彼らは敵から逃れるためにはすぐ空中に身を躍らせる。そのまま谷底に落ちていくかと思うとそうではない。岩崖のかすかな出っ張りに小さな蹄を引っ掛けると、怪我をすることもなく跳び去っていくのである。

また、野生にしても飼育されたものにしても、ヤギたちが生活するところはどこでも砂漠化してしまう原因の一つになっている。わが国では小笠原諸島が良い例である。ヤギは巧みに木に登って葉や木の皮を食べたり、歯でかみ切らないで土から草を根こそぎむしりとってしまうので、その結果、芽が出る前に草をだめにしてしまう。地中海沿岸地方にヤギが現れると、その後数十年というものは砂漠になった。とくに雨があまり降らず、太陽がきびしい地方ではなおさらである。

バーラル *Pseudois nayaur*

標高3000m～5500mの山岳地帯に棲息。高山帯の断崖のある斜面に群れで棲み、岩から岩へ跳躍するのが巧みだと言われる。

ターキン *Budorcas taxicolor*

ヒマラヤタール *Hemitragus jemlahicus*

毛皮故に赤信号の灯る　チルー

チルーは寒冷な気候の土地に棲息しているだけあってその毛皮は上質である。しかも色が美しいとあって、古くから毛皮として使われてきた。最近でもショール目的の密猟が続き、絶滅の危機にあるとみられている。

チルーの毛皮は、「シャトゥーシュ*」という超高級ショールになる。密猟と密輸が、中国やネパール、インドで続いている。アメリカや日本で最近、シャトゥーシュの密輸が相次いで摘発されており、国際動物保護基金（IFAW）は「先進国での需要が密猟を助長しており、このままでは絶滅してしまう」と警告している。

二〇〇一年三月、トラフィック・ジャパン*は、シャトゥーシュのショールが違法販売されていることをつきとめた。東京都内のブティックで販売されていたのだ。警視庁は、この事実を重視し、店舗への捜査を行なっていたが、七月になって「外国為替及び外国貿易法」違反および「絶滅のおそれのある動植物の種の保存に関する法律」(種の保存法)違反として、婦人服製造販売会社役員を逮捕した。

過去にも都内の老舗洋品店が販売していたとして問題となったことがあった。しかし、チベットアンテロープの毛かどうかの識別が難しいとして、環境省の指導で販売停止を求めるだけで終わった例がある。今回、警視庁は経済産業省・環境省と協力して、国内の専門機関に依頼して顕微鏡分析による識別を可能にした。これは、今後の違法取引取締りにおいて画期的な役割を果たすものと思われる。

シャトゥーシュ　「毛織物の王」の意でパシュミナを遥かに凌ぐ最高級の希少品。ワシントン条約で国際取引が禁止されている。近年、世界各国でチルーの毛皮であるシャトゥーシュの違法取引が摘発され、裁判が行なわれている。1999年には香港で違法業者に対して罰金約500万円と禁固三ヵ月の判決が出た。また、2001年5月にはアメリカ合衆国で違法販売を行なったブティック店主に対して罰金2100万円が確定した。

トラフィック・ジャパン　「トラフィック（Trade Records Analysis of Fauna and Fiora in Commerce）は過剰利用による絶滅の危機から野生生物を守るためのWWFとIUCNの共同プログラム。日本ではWWFジャパンの中の「トラフィック・イーストアジア・ジャパン」が活動している。

二十世紀初頭には数百万頭を数えたチルーは、六万頭足らずに減った。だが、中国当局の保護活動は盛んで、二〇〇二年八月の『中国チベット情報センター』は、チルーに頭数回復の兆しが見え始めたと伝えている。ココシリ国家級自然保護区管理局が、「効果的保護活動のおかげで今年に入ってから密猟の犠牲になったチルーは一頭も出ておらず、頭数回復の兆しを見せている」と報告した。

野生種と飼育種のせめぎあい　ヤク

ヤクは一年の大部分を、オスとメスが分かれて暮らし、メスと子は二〇〜二〇〇頭ほどの群れを作っている。一方、オスは単独か、五頭ほどの群れを作って暮らしている。春になると、若芽の萌え出た草地に数多く集まり、大きな群れを作ることがあるが、その場合の群れは食物への単なる集合のようであり、群れとしてのまとまりのある社会的なものではない。夏は一般に高地に移り、秋になると低い高原地帯に戻ったり、谷間で草探ししたりする。しかし、冬になっても平地へ降りるということはない。

中国の四川では、九月になって雪が降り始めると再び高地に戻るといわれ、雪の中を一列になって前のものの足跡を踏みながら歩き、非常に鋭い嗅覚をたよりに食物を探し回る。そのような高地は、気温はマイナス四〇度にもなるが、体の下面に密生した下毛や長い毛が防寒の役目をして、冷気から保護されている。とはいえ、激しい風雪で食物は雪の下になり、多数のヤクが餓死した記録がある。

ヤクは交尾期になると、オスを中心としたハレムを形成する。オスは縄張りとハレムの形成に際して、他のオスと激しく頭を突きあって闘いをする。しかし、この闘いはかなり儀式的なもののようで、死ぬようなことはまずない。

中央アジアの山岳地帯の人々は、ヤクに依存した生活をしている。それはおもに荷役と乳の利用である。ラマ教ではヤクを殺すことは禁じているが、病気のヤクを殺すこともあるし、地方によっては肉用にしている。死んだヤクの皮はテントなどに使われるし、ヤクのバターからなども作られている。しかし、もっとも重要な利用は運輸機関としてで、高地ではヤク、低地ではヤクとウシの雑種であるゾーが主に使われている。パミールとラダクの間では、このような輸送機関なしには物資の流通は成り立たないといえるほどである。

野生のヤクが姿を消していく理由には、家畜ヤクの放牧が挙げられる。家畜ヤクが放牧されると、野生ヤクとの競争は避けられない。人間は家畜ヤクの保護に当たるので、野生ヤクはしだいに高地に追い上げられていった。また野生ヤクと家畜ヤクの雑種化も懸念される。野生ヤクは、やがては遺伝子汚染によって絶滅していく運命にあるのかもしれない。

ヤクレース（ラサ）

角が身を滅ぼす？　アルガリ

アルガリは世界最大の野生ヒツジである。この名は、モンゴルの言葉で「野生の羊」あるいは「野生の雄羊」の意味である。

アルガリの主な棲息地は山岳地帯で、ときには標高四八〇〇メートルの高地におよぶ。一般に起伏の多い高原地帯で、石の多い荒地や半砂漠地に棲む。このような地域には小さな湖や川が点在するが、こうした地域がアルガリの好みの棲息場所である。冬は比較的低地で、夏は高地で過ごすが、年老いた個体はしばしば遠くや高いところへと向かう。とくにオスが高い地域に向かう。そのような時には、ふつう一例に並んで進み、大きな個体がリーダーになる。

アルガリの視覚は素晴らしく、嗅覚も非常に鋭敏であるという。驚くと立ち尽くし、しばらくして近寄る。それからよく足を踏み鳴らすが、それを合図のようにして走り去る。頭を上げ、大またに走るが、好奇心が強いためかすぐに立ち止まって見るので、撃ち獲られる原因となる。

アルガリは春から夏の間は、オスの群れとメスと子どもの群れとに分かれているのがふつうである。交尾期は秋で、オスとメスの群れが一緒になり、オスはメスを獲得するために争う。闘いは頭を低めて打ち付け合い、互いに相手の側面を狙う。子の天敵はワシやオオカミで、ときにはヒグマが捕食する。

アルガリのオスはふつうオオカミの獲物にならない。足場の悪い岩の上ではアルガリの角はおそるべき武器に変身するのだ。このオスの群れは、二〇〇メートルほどの間隔でオオカミを恐れずに再び草を食べ始めたという。アルガリは、その角を採るためにかなりの地域で狩られている。西パミールでは、現在でも毎年数千頭が捕らえられており、このように今も個体数の多い地域もある。しかし過

◎アルガリの出産はふつう4〜5月で、子は崖の下や岩陰などに産み落とされる。子の数は老成獣では二頭、若いものでは一頭がふつうで、しかも出産が遅れる。子は2〜3日で立ち、歩けるようになる。

鎏金羊　唐　陝西省博物館蔵
アルガリをかたどったものか。

去においては、一八九五年にはパミール湖の付近で一日に六〇〇頭ものパミールアルガリを見たという報告があるし、一八九七〜九八年には牛疫によって多数のアルガリが死んだという。アルガリは、かつてはかなりの数がいたと思われるが、地域によっては絶滅している。立派な角を発達させたがための悲劇である。

密漁にさらされる　クチジロジカ

耳が細長く頭の長さの三分の二ほどもあり、長い眼下腺がある。夏毛は灰褐色、冬毛は黒褐色。尻は淡い黄褐色。オスの頸と頭は夏冬とも黒褐色で口先と下顎は白色である。肩の一番高いところの毛は前に向かい、逆立っている。角は大きく角長七〇〜九〇センチで扁平だが、枝の出方はニホンジカに似ている。しかし、下から二番目の枝がいちばん長く、幹はその枝の付け根から急に後ろに折れ曲がっている。枝の数はふつう五本。

クチジロジカはひどく減少している。その背景には、家畜の増加と密猟の影響がある。チベット高原は古くから牧畜がさかんにおこなわれおり、現在も青海省だけで二〇〇〇万頭以上の家畜が飼われているといわれる。家畜との競合は、餌の問題ばかりでなく、牧畜による生息地に対する圧迫も起こっているようである。また、漢方薬としての袋角をねらった密猟も盛んに行われていた。そこで中国政府は、養鹿場をつくったり、クチジロジカの密猟には厳罰を科したりしているが、省境や州境は盲点となって密猟は後をたたないようである。

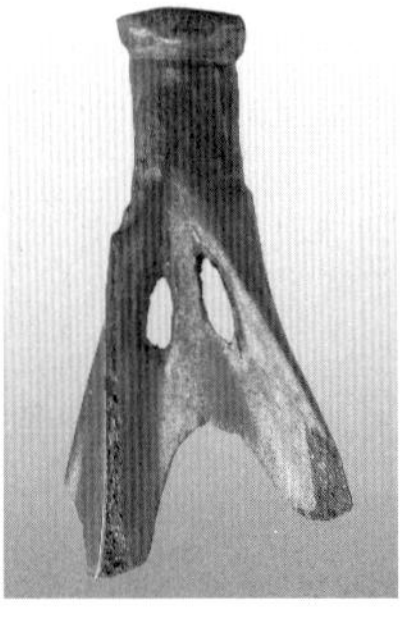

骨耜（骨製鋤先）大型鹿類の肩甲骨製。浙江省河姆渡文化遺跡

◎「**鹿を逐《お》う**」帝位や政権を得ようとして争う。転じてひろく競走する。中原《ちゅうげん》に鹿を逐《お》う。（『史記』「淮陰侯伝」）

アルガリ *Ovis ammon*

クチジロジカ *Cervus albirostris*

ヒマラヤジャコウジカ
Moschus sifanicusr

コビトジャコウジカ
Moschus berezovskii

麝香をつくり出す　ジャコウジカ類

昔から高級香料として有名な「麝香」*は、ジャコウジカのオスの分泌物を原料としたものである。ジャコウジカは、中国を中心にアジア大陸の北部と東部の山地に棲む動物で、現生のシカ科の内ではもっとも原始的な仲間である。

ジャコウジカは単独で縄張りをもち、ふつうオスとメスが隣り合って縄張りを作る。縄張りの広さは約二・五キロで、中心部には露岩があり、これを外敵からの避難場所としている。岩の少ない地方にはジャコウジカの数も少ない。

シベリアジャコウジカは、亜寒帯針葉樹林の山地の中腹に棲んでいて、冬はおもに積雪の少ない急斜面のモミやトウヒの林で暮らす。夏になると縄張りを移動し、樹木の少ない良質の草のある谷間に降りてくるが、湿地帯は避ける。いつでもオスの方が、メスより高い土地に見られる。オスは縄張り内に標識点をもっていて、定期的に麝香と糞とで匂いを付ける。

ジャコウジカは、昼間は茂みや岩陰などに潜んでいて、夕暮れ頃から活動を始める。蹄の第二指と第五指が蹴爪のように長いため、険しい坂でも滑らないで簡単に登ることができる。また、蹄が広がっているので雪の上でも割合に楽に歩けるし、泳ぎもうまい。雪の深いときには、足で雪を掻いてコケや地衣類、草や木の葉などを掘り出して食べる。積雪が多いと木の幹についた地衣類をはぎ取ったり、若木を雪から引っぱり出したりして、ときにはマツの葉まで食べる。また、

麝香　成熟したオスのジャコウジカが分泌するゼリー状の分泌物。オスの腹部に小さなミカン大の巾着状をした袋(麝香腺)があり、その内壁には毛が密生し、腺が多数開口している。袋の中にほぼ30gの麝香がある。取り出すと刺激性の強い嫌な匂いだが、乾くと良い匂いになる。香料のほか、中国では媚薬や精力剤、鎮痛剤などの薬用にも使われる。1930年代には、年間1万〜1万5000頭が殺され、現在でも麝香を求めて狩猟されている。麝香を採るのにこの動物を殺す必要はない。捕らえたシカの、麝香腺の袋の口に管を差し込み、袋を外から押せば分泌を採取できる。

青花人物玉壺春瓶　元　広東省博物館蔵

獣首瑪瑙杯 唐 高6.5cm 長15.6cm 陝西省西安市南郊何家村出土 角から見て鹿・山羊の類であるが、すばらしい出来に感嘆する。

銅牛灯 高46.2cm 後漢 江蘇省邗江県出土 南京博物院蔵 立っている牛が燈を背負っている。油煙を腹に引き込む造形。

陶牛 高35cm 南北朝 山西省太原北斉類叡墓出土 山西省考古研究所蔵 実に生き生きとした造形である。

伯矩鬲 高30.4cm 口径22.8cm 西周 北京琉璃河燕国遺跡251号墓出土 二頭の牛頭を造形し、蓋にも牛頭二つを背中合わせにしている。

鹿形飾金具
高7.5cm 長7.8cm 戦国 伊克昭盟ジュンガル旗西溝畔出土 鹿のことをよく知るものの手になったことが分かる。狩猟・牧畜を生業としている民族の作。

ときには鋼のように硬い蹄で木の幹に刻み目を付け、傾いた木に登って葉を食べたり、樹上を避難場所にしたりする。

ジャコウジカは、オオヤマネコ、オオカミ、ヒョウ、クマなどによく襲われ、ワシやキツネは子ジカを狙う。また、夏にはカやブヨに刺され、ウシバエはジャコウジカの皮下に卵を産み付け、ウジは皮下で育つ。このように大小の敵が多いため、たいへん臆病で、眠りもごく浅いらしい。敵が近付くとすぐに気がつき、ゴムマリのように飛び跳ねて逃げ出す。逃げ方も馴れたもので、一〇〇メートルほど離れると立ち止まり、敵を振り返って様子をうかがうのである。

◎ジャコウジカの妊娠期間は190日、子は4～6月に生まれ、シベリアジャコウジカとコビトジャコウジカではふつう一産2仔。子が成長しきるまでには15～17ヶ月、性成熟に達するのは3年後である。

孫悟空のモデル　キンシコウ

チベットコバナテングザルともいう。キンシコウは、孫悟空の話の元となったということで知られる美しいサルである。「金絲猴」と書く。コバナテングザル（小鼻天狗猿）、イボハナザル（疣鼻猿）、シシバナザル（獅子鼻猿）の異名をとっているが、実際、鼻が奇妙にグロテスクなのである。

一八七〇年、フランスのダヴィド神父は東アジアから数々の動物をパリへ持ち帰った。その中に金絲猴があった。体毛は炎のような金色で、顔は青緑色、頭と胸は黄色とアズキ色、長い尾は赤黄色である。ミルヌ＝エドヴァールはこのサルの美しさにも驚いたが、反り返った獅子っ鼻を見て面白がった。この美しくも鼻が空を向いたサルにロクセラーヌの名をつけて学会に発表した。

四種のコバナテングザルは中国からチベット、インドシナ半島の熱帯雨林や竹林、高山の森林に棲んでいるが、メンタウェーコバナテングザルはインドネシアのスマトラ西岸沖にあるメンタウェイ諸島の熱帯雨林と川沿いのマングローブ林にのみ生息する。このサルはふつうのコバナテングザルに似ているが、頭骨の形状は雄の鼻が長大で奇怪なテングザルによく似ている。テングザルはボルネオのマングローブ林にしか生息しない珍しいサルである。その類縁者がボルネオの遙か西の小さな島に、そして大陸にいたのだ。しかし、不思議なことにこの仲間はマレー半島とスマトラには生息しない。

テングザル類はその分布から見て、弱い種であることはまちがいない。島のマングローブ林に、あるいは寒冷な高山の森林に隔離されたことで生き延びてきている。テングザル類の飛び島状の分布は、次のようにしてできあがったに違いない。つまり、インドシナ半島当たりで進化が繰り返されると、新しく生まれた種はその都度、うち寄せる波のように、次々と半島の先端の方へ移住していく。すると各地で競合が起こり、新しく押し寄せてきた強い種がその地を支配する。弱い種はほとんどの地域で消滅するが、運の良いものは局地的に生き残る。このような現象が長年にわたって続いた結果、飛島状の分布が完成すると考えられる。

テングザル類の分布様式は、東南アジアにおける樹上生のサルたちの進化の鍵を握っているように思われる。テングザルのみならず珍獣の分布様式は、その地域の同類たちの進化を探る上で重要な事実なのである。

キンシコウの学名のいわれ　トルコの皇帝の宮廷にいたロシア人の娼婦の顔を思い出し、その名をとってロクセラーヌと名づけた。金絲猴のように赤味がかった金髪で、上を向いたぶざまな鼻をしていたという。

銀猿形帯鉤　戦国　曲阜県文物管理委員会蔵

野生絶滅が危惧される　ベニガオザル

アッサムではアカゲザルやアッサムモンキーと、インドシナ半島ではアカゲザル、カニクイザル、ブタオザルといったマカカ属のサルと共存している。食物も、生活環境に応じてさまざまに異なっているであろう。しばらく飼われた後に放し飼いにされたある群れは、野生のイチジクやドラセナの果実、その他数種の木の果実と葉、栽培されているパパイヤの実を主に食べていた。彼らの食物の大部分は、植物らしいが、捕らえられたベニガオザルにバッタ、アリ、チョウ、小鳥などを与えるとすぐに捕まえて慣れた手つきで食べるところから、野生状態でも昆虫などを食べると考えられる。

ベルトランはタイでの三ヶ月間の野外調査中、ベニガオザルの群れに九回出会ったが、二〇頭を超える群れは一つもなかったという。また、人間のほとんど行かない深い森林か、いくつかの保護地区以外では、ワナや銃による捕殺を経験しない群れは一つもない状態であったという。アッサムでも、一九六〇年前後の吉場健二、一九六五年のベルトランによる調査では、ベニガオザルは見つかっていない。彼らはペット用に捕獲されるほか、最近は医学、薬学、心理学などの実験動物として脚光を浴び、乱獲されている。ワクチン製造や、オトナになるころから頭が禿初め、その皮膚が人の禿頭と似た性質を示すところから脱毛症の研究などにも使われている。

キンシコウ *Pygathrix roxellana*

ベニガオザル *Macaca arctoides*

ジャイアントパンダは何科？

ジャイアントパンダを、何の仲間に含めるべきか、長い間、論争が続けられてきた。姿はクマに似ているが、話は単純でない。ジャイアントパンダの発見者であるダヴィド神父は、クマの仲間と考えた。しかし、動物学者のミルヌ＝エドヴァールは骨と歯を調べて、アイルロプス・メラノレウクス（＝レッサーパンダの肢をもった黒白の奴）と命名した。そして、すでに発見されていたレッサーパンダに近いものとみて、アライグマの仲間とした。シッポがほとんどなく、大形でクマにそっくりのジャイアントパンダが、アライグマの仲間だというのだから、世界中が驚いた。しかし、イギリスのフラワーとライデッカーは形態学的な研究から、ジャイアントパンダをクマ科に、レッサーパンダをアライグマ科とした。パンダの分類学的地位は年ごとと言ってもよいほどに、変わったのである。

これは今でも同じで、つい最近まではクマ科とする意見が強かったが、最も新しいイギリスのコーベットらの分類ではジャイアントパンダ科とされている。

はたしてパンダ類はクマ科とアライグマ科のどちらに似ているのだろうか。

染色体の数はレッサーパンダが三六本、ジャイアントパンダが四二本、クマ類はふつう七四本、アライグマ類が三八本で、それぞれがバラバラに違っている。

レッサーパンダは手足や指の形、尾が長い点、歯の大きさの順序、裂肉歯の瘤の数、下顎の臼歯の数、腎臓のつくり、上腕骨に内側上窩孔という特別の孔があることなどはアライグマと同じである。

ジャイアントパンダは手足や指の形、尾が極めて短い点、歯の大きさの順序、下顎の臼歯の数、腎臓のつくりなどはクマ科と同じである。

しかし、陰茎が小さい点、そしてそれが後ろに向かっている点、陰茎骨が短い点、手首の骨のうち親指の側にいわゆる「第六番目の指」がある点、右側の精巣静脈が下大静脈またはそれの枝に続いている点（アライグマ、クマ類では右側の精巣静脈は右側の腎静脈に続く）などは二種のパンダに共通している。

ジャイアントパンダの分類が、いかに困難であるかが分かろうというものである。

確かに二種のパンダは少し違いがあるが、クマ科やアライグマ科のものとはずっと違うということが分かる。ここで重要なのは化石から推定した系統である。

食肉類の祖先はミアキスと呼ばれる小形ないし中形の獣で、今から約五五〇〇万年前の始新世前期に出現したが、ドイツのテニウスによれば、クマ科とアライグマ科は、およそ三七〇〇万年前の漸新世の初め頃にはすでに分かれていたという。レッサーパンダの祖先はシヴァナズアと呼ばれるイタチに似た小獣で、およそ二五〇〇万年前の中新世の初めに出現した。それより古い化石は今のところ発見されていないが、テニウスは形態からみてそれはアライグマ科から分岐したものと考えている。シヴァナズアの子孫は、アライグマの祖先たちがアメリカ大陸に棲みついてそこで進化をとげたのに対して、ヨーロッパに棲みついて後にアジアまで分布を広げたが、アメリカまでは移住できなかった。おそらくこの仲間が進化し、あるものが大形化し、そしてジャイアントパンダが出現したのだろう。

一説には七〇〇万年前ころの鮮新世初期にジャイアントパンダの原型がおり、それから巨大化したという。が、それを明確に示す化石はまだ出ていない。おそらくユーラシアのアライグマの系統は一時的に繁栄したものの、各地で次第に絶滅し、現在残っているのがレッサーパンダとジャイアントパンダの二種なのだろう。

こうしてみるとジャイアントパンダはレッサーパンダと共にヨーロッパを故郷とするジャイアントパンダ科とするのが適切のようである。クマ科もアライグマ科も北アメリカを故郷とするもので、繁栄した年代もパンダ類とは違うように思えるのである。ただ、系統に従った連続的な化石がたくさん発見されないと、真の答えは得られないことは確かだ。アメリカの偉大な動物学者E・コルバートは述べている。「その分類学的地位を巡って議論百出しているが、ジャイアントパンダの方は自分の存在が原因で動物学上の論争が起こっているなどとはつゆ知らず、四川省の山奥で静かに生きているのである」と。

温帯・高原に棲む主な動物

種名	体長＋尾長 [cm]	体重 [kg]	分布	CITES RDB
ユキヒョウ *Panthera uncia*	110~130＋80~90	30~50	中央アジア、チベット、ヒマラヤ	I EN
ドール *Cuon alpinus*	88~113＋41~50	10~21	アムール地方から中国、東南アジア	II VU
チベットスナギツネ *Vulpes ferrilata*	57~70＋30~48	4~7	チベットとネパール	
レッサーパンダ *Ailurus fulgens*	50~60＋30~50	3~4.5	中国、ネパール、ミャンマー	I EN
ジャイアントパンダ *Ailuropoda melanoleuca*	120~150＋10~15	約90~100	四川省，甘粛省，陝西省	I EN
ターキン *Budorcas taxicolor*	肩高90~110	200~350	ブータンから中国西北部	II VU
ヒマラヤタール *Hemitragus jemlahicus*	肩高98ほど		ネパールから中国西部	VU
チルー *Pantholops hodgsoni*	肩高80~90	25~50	インド北部から中国西部	I EN
ヤク *Bos mutus*	肩高180~200	800~1000	中国、インド、ネパール	I VU
バーラル *Pseudois nayaur*	肩高75~90	25~80	ヒマラヤから中国南西部	
アルガリ *Ovis ammon*	肩高115~125	95~180	アルタイ山脈から中国西部・北部	II VU
クチジロジカ *Cervus albirostris*	肩高120~130	120~200ほど	チベットと中国西部	VU
ヤマジャコウジカ *Moschus chrysogaster*	肩高50~80	7~18	アフガニスタンからチベット高原、ヒマラヤ山地を経て中国中部の寧夏と四川	I
ヒマラヤジャコウジカ *Moschus sifanicusr*	肩高50~80	7~18	ネパール、シッキム、ブータン、およびこれらとチベットとの隣接地域	I
カッショクジャコウジカ *Moschus fuscusr*	肩高50~80	7~18	チベット南東部、雲南、ビルマ北部	I
コビトジャコウジカ *Moschus berezovskii*	肩高50~80	7~18	中国中部・南部、ベトナム北部	I
シベリアジャコウジカ *Moschus moschiferus*	肩高50~80	7~18	シベリア、モンゴル、中国北部、満州、朝鮮、サハリン	I VU
キンシコウ *Pygathrix roxellana*	50~83＋51~104	8~19	四川省から雲南省	I VU
ベニガオザル *Macaca arctoides*	38~70＋1.5~8	9~13	東南アジアから中国南部、アッサム	II VU

第六章
熱帯林——過酷な生存競争

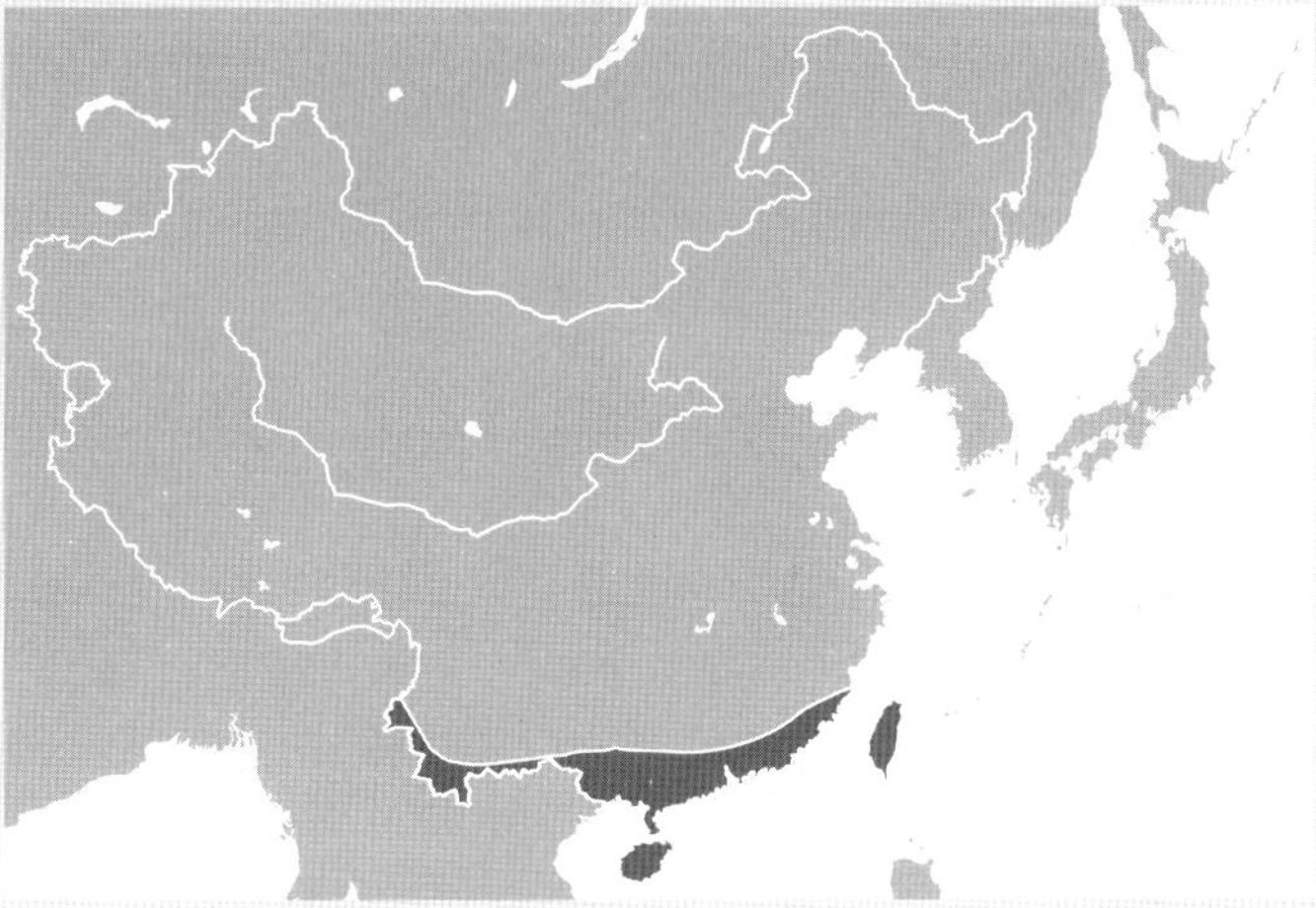

熱帯林は中国大陸の南端で、福建・広東・広西壮族自治区・貴州・雲南・海南・台湾などの各省にまたがる。地域は狭いが、人口も多く、民族も多様である。ここには漢族以外に十を超える少数民族*が住んでいる。もともとは、中国の黄河文明や長江の文明からは遠い地である。今から二一〇〇年余前の漢の武帝のころになっても百越がすむこの地は「文明の及ばない未開の地」とされていた。ということは動物にとっては楽園であった。

熱帯林はそのほとんどが亜熱帯性気候で、南部の一部が熱帯性気候の地理区は、おおまかには、中国で華南と呼ばれる地域である。台湾や海南島、そして南海諸島も含まれる。

亜寒帯林とは対照的な地域で、寒冷とよばれる時期はない。気温は常に二〇度を下ることはなく、植物はよく成長繁茂し、熱帯雨林と長短さまざまな乾季がある季節降雨林となっており、動物の種数は極めて多い。

亜熱帯・熱帯ではあらゆる生き物に生き延びるチャンスがある。特別な防寒対策などが不必要だからで、あらゆる空間が多種多様な生き物で占められている。亜寒帯林では単一の樹種が何百キロにもわたって生育しているが、ここでは同じ樹種にめぐり合うのに何百メートルも歩かねばならない。それほどまでに種数が多いのである。動物もまた同様に種類が多い。

しかし、種同士の競合は激しい。あらゆるタイプの動物が出現する代わりに、その動物同士は生き残るために生活の場を求めて激しく競争するのだ。そして天

熱帯林の十を越える少数民族
チンポー（景頗）族、高山族、傣（タイ）族、哈尼（ハニ）族、黎（リー族）、納西（ナシ）族、プイ（布依）族、壮（チワン）族、彝（イ）族、苗（ミャオ）族、白（ペー）族など。

最も南に位置する海南省には冬がない。

西双版納熱帯林

敵による淘汰も激しい。目立つものはすぐに捕食されてしまう。その結果、木の葉などに擬態する昆虫が存在するわけだが、センザンコウのような奇妙な姿・形をした哺乳類も出現する。

哺乳類にとっての亜熱帯林・熱帯林の豊かさは、さまざまな果実が一年中、どこかにいけば確実に実っていることだろう。目立つのはイチジクの類であるが、その果実に依存して生きるコウモリ類、中でもデマレルーセットオオコウモリが広く分布する。リス類も多様でミケリスのような鮮やかなものもいるが、もっとも目立つのは霊長類である。この二つのグループのものは、日中活動し、熟した果実を生い茂る緑の葉の間から見つけ出すことに適応し、色覚が発達している。体色が鮮やかな種が多いのはそんなところに理由がある。木の葉を主食とするものも当然いて、樹上生の種が多い。森を立体的に利用しているのである。

これらの樹上生のリスやサルなどを狙う捕食者もまた樹上生の傾向が強くなっている。その典型はウンピョウである。体が大きいにも関わらず樹枝上を走ってリスやサルを追い、林床を歩いてくる小形のシカ類、イノシシ類などを襲う。

中国の亜熱帯・熱帯林で特異なのは、さらに南に広がる真の熱帯林からの移住者たちである。フーロックテナガザル、スローロリス、数種のリーフモンキー、アジアゾウなどがそれである。

センザンコウ

アジアゴールデンキャット つがいで狩りをする

一八二七年、スマトラからロンドンのリージェント公園の動物園に中形のヤマネコが到着した。一九世紀の著名な動物学者のテミンクによりすでに命名されていたアフリカゴールデンキャットによく似ていた。だが、ロンドン動物学会のホルスフィールドとヴィゴーズの二人は、翌年、やや大形のこのアジア産のゴールデンキャットを新種として記載した。

実際、アジアゴールデンキャットはやや大きいとはいうものの、アフリカゴールデンキャットによく似ている。体色も変異に富み黒色、褐色、灰色などのものがあるが、ふつう黄赤色から金色を帯びた褐色である。斑紋もベンガルヤマネコと同じほど変化が多く、斑紋がなく単色のものもいる。ペキン動物園の赤色の単色個体と斑紋のある個体との子どもは、単色の赤だったという。

アジアゴールデンキャットは落葉樹林や熱帯雨林といった森林に棲息しているが、時にもっと開けた場所にもみられる。ヒマラヤでは山麓の森林をすみかにしており、かなり高いところでもときおり観察される。シッキム北部ではラチュンチュの東の標高三〇〇〇メートル余りの森林内で足跡や糞が発見されている。また、ランチェンとゼムとにかけてある標高三〇四八メートルの森林でも棲息が確認されている。

彼らは木にも登るが、ほとんど地上生で、林床を歩き回りながら狩りをする。

ウンピョウ *Neofelis nebulosa*

アジアゴールデンキャット
Felis temmincki

ベンガルヤマネコ *Felis bengalensis*

ネコ類にしては珍しく、つがいで狩りをすることがあるとみられている。

主要な獲物は小型哺乳類や鳥類であるが、シッキム北部の標高二一三四メートルのメンシサンでは、ウシ科のゴーラルやシカ科のホエジカをときどき捕食しているとの報告もある。また、家畜も襲撃する。ニワトリやヤギ、スイギュウの子どもなどを襲うのだが、深いジャングルに接する畑の隅でスイギュウの子どもを食べていた二頭のゴールデンキャットが捕獲されたことがある。この二頭はつがいであり、動物分類学者のポコックは「まぎれもなく二頭は、協力してスイギュウを倒した」と書いている。ただ、スイギュウは、アジアゴールデンキャットの牙からみて生まれたばかりの子ウシだったに違いない。スイギュウの首の筋肉を貫くほど強大な牙を備えていないからだ。

狩りをつがいで行うが、子育てにもオスが積極的に参加し、飼育下では父親は子どもに対して寛容で、子どもと遊ぶという。

棲息地の破壊と人間活動に適合することに無力である故にその棲息域の多くで減少している。

サーベルタイガーの末裔？　ウンピョウ

ウンピョウはこの種だけで一つの属を作っているように、ネコ科のなかでも変わった存在である。中でも、牙が異常に長くて鋭いというのが特徴的だ。根元の幅の三倍ほどもあり、かつて栄えたサーベルタイガーの末裔ではないかという説もある。もちろん直系の子孫ではなく、もっと古いところで分かれ、サーベルタイガーは特殊化して牙が巨大になるという進化の袋小路に入り込んで絶滅したが、ウンピョウは生きながらえてきたという考えだ。これに対する反論は、ウンピョウの牙は鳥類を主食とするのに適応した結果長くなったという説なのだが、今のところ真相はわからない。

ウンピョウはユキヒョウと同じように、大形ネコ類と小形ネコ類との中間的存在である。たとえばウンピョウは吠えることができない。これは舌の構造からくるもので、舌を動かすときに重要な役割をする舌骨という小さな骨が喉にあるが、これが自由に動かないために吠えることができないのである。人間は、むろん自由自在に動くからおしゃべりをすることができるのだが、小形ネコ類とウンピョウ、ユキヒョウはかなり固定されてしまっている。

ウンピョウの生態は分かっていないが、ハンターやその土地の人々の情報から推測すると、彼らはさまざまな森に生息し、樹上で狩りをして枝の下を通りかかる動物に直接飛び乗り、長い牙を急所に刺し込んで仕留めることもする。だが、ウンピョウは樹上生の度合いは強くなく、たまたま暑さを避けて木の枝の上で休んでいる姿を目撃されるために樹上生という見方が生まれたというのである。

彼らの獲物は鳥類、サル類、イノシシ、家畜、若いスイギュウ、ヤギ、シカであり、ヤマアラシさえも捕らえる。ウンピョウは泳ぎも達者で、マレーシア北部沿岸地方では島へ向かって泳いでいるブタを見つけて、マングローブ地帯から泳

◎ウンピョウの繁殖習性はほとんど知られておらず、子どもを木の洞に生むといった程度で、もっぱら飼育下のデータである。一腹の子どもの数は1～5頭だが、たいていは2頭である。生後12日で目が開き、75日ほどで肉を食べるようになるが、5ヶ月ほど授乳が続けられる。

いで追いかけていったという観察もある。

起源の古い山猫　ベンガルヤマネコ

ベンガルヤマネコは、イリオモテヤマネコを除けば、旧世界のヤマネコとしてはもっとも古く現れた種とされる。それはベンガルヤマネコがボルネオの北のパラワン島や、ジャワの東のバリ島、スマトラの西のニアス島などに分布しているからである。ネコ類でこのうちの島に分布しているのは、バリ島のトラがあるに過ぎないからだ。無論、これらの島々にほかのネコ類が住んでいない理由は決して単純ではあるまいが、これらの島々が古い時代に他の陸地から離れてしまい、遅れて進出してきた進化したネコ類が入れなかったのが一因であろう。

ベンガルヤマネコが古いことの根拠は分布だけではない。当然のことながら、頭骨、歯、斑紋が特殊化していないこともその理由だ。これらの特徴はネコ類の祖先のものに近い。だから、それらを備えたこのヤマネコも祖先に近く、したがって古く現れたはずなのである。ベンガルヤマネコは確かに古い種のようで、それらしい化石が栃木県葛生の洞穴の、更新世中期ないし後期と推定される地層から発掘されているから、今から一〇万～一〇〇万年ほど前には日本にもいたことになる。この化石のヤマネコは、現在対馬に分布している近縁なツシマヤマネコではなく、東南アジアに分布の本拠地をおくベンガルヤマネコそのものらしいのである。

◎ベンガルヤマネコの繁殖の様子はわかっていないが、東南アジアなどでは一年中子どもが見られるらしい。一説によれば、オスもまた子育てに参加すると言われる。もしこれが真実だとすると、ゴールデンキャット同様かなり珍しい習性と言えるだろう。

ところでベンガルヤマネコはさまざまな環境で生活でき、人里近くにも棲息する。彼らは日中を巣で過ごす夜行性の動物と言われるが、しばしば昼間も見かける。一定の行動圏を持ち、そこをパトロールしながら尿や糞でマークしていく。ベンガルヤマネコの獲物は小動物である。カエルなどの両生類、トカゲやヘビなどの爬虫類、地上に降りる習性を持つ鳥類、ネズミ類やノウサギ類、リス、シカなどの幼獣といった小形哺乳類、そして魚類などを捕食する。

こうした獲物を地上で捕らえるのだが、ベンガルヤマネコは木登りが巧みなことから、木に登って獲物を捕る事もあるらしい。また泳ぎが達者で、陸地沿いの小さな島々に分布する個体群は、地理的な変動により隔離されたものもあるだろうが、泳ぎ渡ったものがふつうにいるといわれる。

ニホンカモシカに近い　タイワンカモシカ

台湾全島の山麓から標高三五〇〇メートルまでの森林に単独、またはペアで棲む。標高一〇〇〇～二〇〇〇メートルの地帯に多く、岩石が多く急峻な斜面を好むといわれている。暗い森林内で活動し、木の葉を主に食べる。一産一仔。

一般にニホンカモシカの亜種とみなされているが、耳が長く眼窩が大きいなどの点から見て、一段と進化した別種と思われる。

オーストンヘミガルス
Chrotogale owstoni

生態はほとんどわかっていない。森林や明るい林に棲み単独で行動する。目立つ模様は、存在を表す警戒色か、木漏れ日にまぎれやすい保護色か。

乱獲に追われる　タイワンジカ

山間の森に少数の群れで棲息している。木の葉や草、樹皮などを食べ、その生態はニホンジカに似るものと思われる。棲息数は非常に少なく、一説には、おそらく三〇〇頭足らずであろう、ともいう。

減少の原因は乱獲と森林の伐採である。角は漢方薬の原料として珍重され、滋養強壮剤などの原料にされる。「鹿茸《ろくじょう》」と呼ばれる袋角が採取される。

日本での繁殖が危惧されている　タイワンザル

台湾に棲むただ一種のサルで、日本では動物園で、またペットとして、あるいは帰化動物として良く知られている。タイワンザルは、亜熱帯と温帯の常緑広葉樹林を中心に棲息している。とくに東斜面の中央山脈と海岸山脈一帯には、かなりの数がいるともいわれる。しかし、たくさん棲んでいると言われる海岸山脈でも、サルに出会うのは、猟師を除けば、海に面した山の斜面で畑を耕している人たちである。聞くところによると、このような人々がタイワンザルを見かけるのは、海に面して切り立った崖か、沢沿いの崖崩れなどの地点であるという。

しかし、横浜市立大学の調査隊が、海岸山脈南部の都蘭付近で観察したところ、タイワンザルは主として沢沿いの樹林の中で生活しており、岩場は移動の際の通り道や毛づくろいの場所として利用するだけであったという。また、群れの大き

◎タイワンジカは、ハナジカ、バイカロク（梅花鹿）ともいう。

さは二〇頭前後で、行動範囲は一本の沢に沿った地域に限られているようである。雑食性で、昼間活動するが、夏季には夕方から夜間も出没するという。海で泳ぐこともあり、耐寒性が強い。かつては果樹園(特に竜眼樹のベリー)やサトウキビ畑を荒らしたが、近年では棲息数が激減し、農業被害も減少している。

人間によく似た小型類人猿　フーロックテナガザル

テナガザルは非常に敏捷で、高い梢から瞬く間に地面近くまで降りてくる。落下と跳躍の連続であり、まるで物体が枝を揺るがせながら耳をつんざくばかりの叫び声をあげて、滝のように落ちてくるように見える。興味あることは博物学者のA・H・シュルツは、かつてタイで二三三頭のテナガザルを解剖したが、そのときメスの二八パーセント、オスの三七パーセントに落下による骨折が癒着しているのを発見した。

群れは一夫一妻が基本で、オス・メスほぼ同大で女性優位など、ふつうのサル的でなくむしろ人間的な点が多い類人猿である。

テナガザルは極めて人間的な類人猿なのだが、人間の祖先はテナガザルに近縁なものかもしれない。というのは、人間の世界には野球なるスポーツがあるが、ピッチャーを始め野手も通常上手投げでボールを投げる。この上手投げは、肩を中心にして腕を三六〇度グルグルっと回せるようになっているから可能なのだが、こうした肩の関節は祖先がテナガザルだったことを暗示しているのだ。三六

彩絵陶猴　漢　西安市文物庫房蔵

○度回転可能な肩の関節は「腕渡り」により発達してきたのである。
ゴリラやチンパンジー、オランウータンといった大形類人猿も気にいらない見物人に糞や水、土くれを投げつけたりするが、彼らは下手投げである。

では、ヒトの祖先はゴリラやチンパンジーでなく、テナガザルなのだろうか。ここで化石から類人猿のルーツをたどってみると、意外なほど起源が古いことに気付く。最も古い類人猿の化石は四〇〇〇万年も前の漸新世と呼ばれる時代の地層から発見されたプロピリオピテクスである。恐竜が絶滅してからわずか二五〇〇万年後である。これは現在のテナガザルに似ているが、犬歯が小さいとされる。ヒトの特徴の一つは犬歯が小さいことだが、ヒトになるべきものの祖先は、この頃すでに出現していたのかも知れない。

そして、今から二〇〇〇万〜三〇〇〇万年前の漸新世から中新世前期には、テナガザルはゴリラ・チンパンジーのグループと別のものとなっていたとされる。中新世と次の鮮新世（七〇〇万〜二〇〇万年）のヨーロッパ、アジア、アフリカからドリオピテクス群と呼ばれる大形類人猿の化石がたくさん発見されているが、その中にすでにゴリラとチンパンジーの祖先型と思われるものがある。

類人猿から人類への進化のスタートは、すでに中新世に始まっていたとするのが多くの人類学者の考え方である。中新世に世界が乾燥の方向に向かい、イネ科の草本を主とする草原が発達したが、この草原の発達が二足歩行をおこなう人類を誕生させたのに違いない。だとすれば、人類の祖先が四〇〇〇万年も昔の漸新

タイワンザル
Macaca cyclopis

フーロックテナガザル
Hylobates hoolock

スローロリス
Nycticebus coucang

世のテナガザルにいても不思議ではなくなる。

もっともそれらを直接裏づける化石はまだ発見されていないし、免疫学的にはヒトとゴリラとチンパンジーは極めて似ていて、各々が分岐したのはたかだか五〇〇万年前、オランウータンが八〇〇万年前、テナガザルが一〇〇〇万年前だという。微小な哺乳類だがヒメトガリネズミなど、動物によっては三〇〇万年間少しも変わっていない種もあるのだから、五〇〇万年で万物の霊長と自負するヒトが進化するとは考えにくいともいえる。最近の遺伝子工学によるDNA解析によれば、ヒトとゴリラはごく最近分化したもので、その遺伝的距離はゴリラとチンパンジーのそれよりもずっと近いという。また、ヒトとチンパンジーは約七七〇万年前に、ヒトとゴリラは約九九〇万年前に分岐したとの説もある。いずれにしても、テナガザルが人類の祖先と関係があるなどとはとんでもないというわけだ。

しかし、遺伝子工学がこれからの学問であることは確かだ。最新の技術が必ずしも真実を発見するわけではないが、新たなる化石の発見と遺伝子工学などの技術の発達で、問題は徐々に解決されていくだろう。動物園でごくふつうに見られるテナガザルであるが、彼らは人に似た点をたくさんもった不思議な類人猿なのである。

スローモーぶりが身を助ける？ スローロリス

名前の通り、体の動きは鈍く、スローモーションの映像でも見ているようだと表現する人もいる。おまけに跳躍ができない。四肢のどれかで常に枝にしがみついているからだ。得意技はときには一時間でも体を動かさずにじっとしていること。危険を察知したときの捕食者の眼を欺くフリーズだ。四肢の血管網が発達していて同じポーズを続けていてもしびれがこないのである。

動物の発達・繁殖速度は、体重によっておよその見当がつけられる。一般に、クジラやゾウなど体が大きい動物は妊娠期間、授乳期間、性成熟に達するまでの年数、出産間隔などがすべて長い。つまり、体重の重い動物ほどゆっくり成長し、子どもを作るスピードが遅い。しかし、ロリスや近縁種であるアフリカ産のポットーの発達・繁殖速度は、体重から予測されるよりもずっと遅いのである。それは、著しく低い代謝率の影響を受けているからなだとみられている。恒温動物は、体の大きな動物ほど体重一グラム当たりのエネルギー消費が少なくて済む。つまり体重当たりの代謝率が低い。だがなぜか、スローロリスは体重から予測されるよりも五〇パーセント以上代謝率が低いという。同じ体重の動物なら、代謝率の低い方が成長・繁殖速度が遅いわけである。

スローロリスの代謝率がこれほど低い理由は、食性に関係があるとみられている。スローロリスは、動物の中では多くの哺乳類が苦手とする、毒素を含んだアリや毛虫などを多く食べる。そして、アリを主食とする他の哺乳類、アリクイやアルマジロなどもすべて代謝率が著しく低い。体の大きさに見合わない低い代謝率なら、食物が低質・少量・毒性が強くても生きていけるという利点があるらしい毒性のあるユーカリの葉をもっぱら食べるコアラなどもそうだろう。

毒素を摂取する動物が低代謝になった理由は二つ考えられる。その一つは、代謝率が低い動物は体の維持に必要なエネルギーが相対的に少ないので、摂取する食物の量が少なくて済み、毒素の摂取量も極力抑えられる。その二つ目は、食物から得たエネルギーの多くを解毒に使う。だから、せっせと食べても体の維持に使えるエネルギーが少なくなってしまう。そこで、維持に必要なエネルギー量が少なくても済む低代謝を選択した。どちらが正しいかはまだ分かっていない。

だが、低代謝はいいことばかりではない。代謝が低いと繁殖の効率が悪くなる。さらに、低代謝の動物は一般に動きが鈍く、とりわけ低温時の活動が不得手だ。低代謝で暮らしていく条件は、スローロリスやポットーのように敏捷な動きを要求されない生活をすること。夜行性のサルは、捕食者から逃亡ではなく目立たぬよう隠れることで身を守るので、低代謝のものが多いのもうなづける。スローロリスほど極端でなくとも、夜行性のものが大半を占めるキツネザルなど原猿では体の大きさの割に低代謝のものが多い。このことから、R・D・マーティンは、夜行性だった霊長目の祖先も低代謝だったのではないかと推測している。

消え行くアジアの巨獣　アジアゾウ

かつてはイラクやイランから南・東南アジアまで広く生息し、十九世紀でもアジアの亜熱帯全域でふつうに見られた。しかし、十九世紀以降、個体数は劇的に

アジアゾウ *Elephas maximus*

アジアゾウ（Elephas maximus）の亜種

亜種名 亜種小名	分布	象牙	その他オスの肩高など
セイロンゾウ *maximus*	東部の低湿地を除く スリランカの大部分	オスの93％には無い	肩の高さは最高で2.59m 牙は細くほとんど真っ直ぐ
オオセイロンゾウ *vilaliya*	スリランカ東部の低湿地	オスにふつう牙はない	肩の高さは最高で3.2m セイロンゾウと似るが巨大
ミナミアジアゾウ *dakhunensis*	南インドのマイソールからオリッサ	オスの98％に長い牙がある	セイロンゾウよりも胴がやや長く、耳が小さい
ベンガルゾウ *bengalensis*	ネパール、アッサム、ベンガル北部	オスの50％に長い牙がある	ミナミアジアゾウより頭が大きく、後肢が短い
ビルマゾウ *birmanicus*	ミャンマー中部、中国雲南省南西部	オスの90％に長い牙がある	肩の高さは平均2.4m。 インドのものよりも後肢が短い
マレーゾウ *hirsutus*	マレー半島	オスの99％に長い牙がある	黒く長い毛が、背だけでなく体側にもたくさん生える
シャムゾウ *ruber*	タイのナカワからシンゴラ	オスに長い牙がない	赤茶色の毛が生えている小形の亜種
スマトラゾウ *sumatranus*	スマトラ	オスの98％に長い牙がある	鼻の先端にある指状突起が他の亜種よりも扁平
ボルネオゾウ *borneensis*	カリマンタン北部	オスにはほとんど長い牙がある	鼻の指状突起が扁平なところはスマトラゾウに似る
メソポタミアゾウ *asurus*	メソポタミア、小アジア	牙は細長く、強く上方にカーブ	紀元前2世紀頃まで生存
ペルシャゾウ *persicus*	イラン	白い	紀元前2世紀頃まで生存
シナゾウ *rubridens*	中国中南部	削ると赤い粉が出たらしい	紀元前220年頃まで生存していた
ジャワゾウ 命名されず	ジャワ	中国に輸出されていたらしい	12世紀に絶滅。特徴に関する記録はない

野生のアジアゾウは標本が少なく、十分に調べられていない。ここでは主としてセイロン国立博物館のDeraniyagala，1951-53の分類に従い、アメリカ自然史博物館のOsborn，1942の意見をも付け加えておく。

減少し、たとえばミャンマーの生存数は一九八五年で五〇〇〇頭、分布全域の生存数を合わせても三万〜五万頭程度と推定されている。

今日では野生のゾウはインドの南部と北東部、スリランカ、インドシナ半島、中国南部、スマトラ、カリマンタン北部にいるだけである。多くは低地や丘陵地の森林に棲んでいるが、ミャンマーでは標高三〇〇〇メートルの竹林に一年中とどまっているものさえある。

現在アジアに産するゾウはアジアゾウ一種だけである。アジアゾウはアフリカゾウよりも小形である。ベンガル産を一五〇匹調べたところでは肩の高さが三メートルを超したものはごくわずかで、三・〇五メートルに達したものは一頭もなかった。メスは小さく高さ二・一〜二・四メートルである。長い牙はオスにだけあるが、オスがみな長い牙をもっているわけではなく、メスと同じようにごく小さくて口からちょっぴり頭を出しているだけのことも地方によっては珍しくない。最大の牙はバンコクの王立博物館にある三・一七メートルのもので、重さは一本で七三キロである。

鼻の先端の指状突起は一個しかなく、耳たぶが小さく、頭頂に左右二個の円い突起があり、腰が胸部より高まることがなく、蹄の数が前が五個、後が四個、臼歯の横稜の数が多いのもアフリカゾウとちがうところである。

五頭から六〇頭の家族群をなし、大きな牙を持ったものはふつう群から少し離れたところで食事をしている。群は決まった道を通って歩き、日中の暑い盛りには眠り、朝と夕方、および夜、暗くなってから開けたところに出てきて食事をし、

（『新世紀　ビジュアル大辞典』学研）

文物に見るアジアゾウ

玉象　長6cm　高3cm　河南省安陽市殷墟婦好墓出土　幼象と一見して分かるほほえましい形。

青銅象尊　前16-前11世紀　高26.5cm　湖南省醴陵県出土　湖南省博物館蔵　数千年も前にいた象が時空を越えて現れる不思議。この像を作った工人の微笑みが見えてくる。

乙公簋　西周　高28.2cm　口径19.8cm　北京琉璃河燕国遺跡209号墓出土　三星堆からはるか離れたところで、象をデザインした青銅器が出ている。

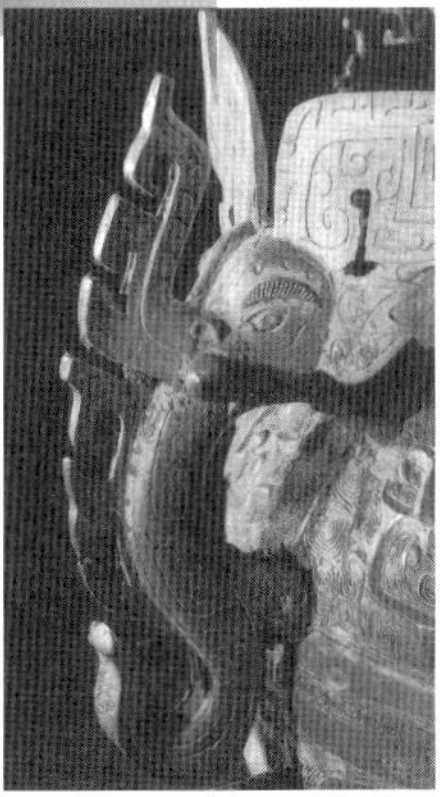

獣面象首銅罍
西周　高69.4cm　口径21.8cm　四川省彭県出土　彭県文物管理所蔵　紀元前11世紀ごろの作。時間を超えて、造形に魅入られる。

象牙出土状況
前14-前11世紀　四川省三星堆遺跡二号祭祀坑　象牙とその他の文物が一緒に発見された。数十本の象牙はまだ加工されていない。象がそう遠くないところに数多くいたのであろう。

熱帯林に棲む主な動物

種名	体長＋尾長 [cm]	体重 [kg]	分布	CITES * RDB **
アジアゴールデンキャット *Felis temmincki*	73~105＋43~56	12~15	東南アジア、中国	I
ウンピョウ *Neofelis nebulosa*	61~107＋55~92	16~23	東南アジア、中国南部、台湾	I VU
ベンガルヤマネコ *Felis bengalensis*	35~60＋15~40	3~5	インドから東南アジア、中国	IまたはII
フイリマングース *Herpestes auropunctatus*	21~45＋23~26	約0.5	南西アジアから中国南部	III
オーストンヘミガルス *Chrotogale owstoni*	50~64＋38~48	150~200	東南アジア、中国南部	VU
タイワンカモシカ *Capricornis swinhoei*	肩高48~60		台湾	VU
タイワンジカ *Cervus taiouanus*	肩高90		台湾	CR
タイワンザル *Macaca cyclopis*	36~50＋35~45	8~15	台湾	II VU
アカアシドゥクモンキー *Pygathrix nemaeus*	55~82＋60~77	約14	東南アジア、中国の海南島	I EN
フーロックテナガザル *Hylobates hoolock*	46~63＋0	6~7	アジア南東～南部、中国南部	I EN
スローロリス *Nycticebus coucang*	20~28＋1.3~2.5	230~610g	インドからベトナム、中国南部	II
アジアゾウ *Elephas maximus*	肩高250~330	4000~5000	インド、東南アジア、中国南部	I EN

＊「CITES（ワシントン条約）＝絶滅のおそれのある野生動植物種の国際取引に関する条約」では規制すべき動植物を附属書で掲げている。
附属書 I＝国際取引によって絶滅のおそれが生じている種。原則輸出入禁止。
附属書 II＝国際取引を規制しないと、今後絶滅のおそれが生じる種。輸出入には輸出許可証が必要。
附属書 III＝各国が自国内での保護のために、国際取引を規制したいと考える種。輸出入には輸出許可証が必要。

＊＊RDB（レッド・データ・ブック）＝野生生物の現状をIUCN（国際自然保護連合）が評価したもの
EX（Extinct）＝絶滅：すでに絶滅したと考えられる種
EW（Extinct in Wild）＝野生絶滅：飼育・栽培下でのみ生存している種
CR（Critically Endangered）＝絶滅危惧 IA類：ごく近い将来における絶滅の危険性が極めて高い種
EN（Endangered）＝絶滅危惧 IB類：IA類ほどではないが、近い将来における絶滅の危険性が高い種
VU（Vulnerable）＝絶滅危惧 II類：絶滅の危険が増大している種

あとがき

今泉忠明

日本にはライオンもゾウもいない。日本の動物相を素晴らしいなどと思う人はどこにもいないかも知れないが、極めて価値が高いものだと思っている。小さな国土だが一一〇種が知られており、一万平方キロ当たり二・九三種も棲息する。同じような島国のイギリスでは一万平方キロ当たり一・八〇種であることからも、多いことがわかる。また、日本は種類数が多いだけでなく、日本にだけ分布している特産種・固有種と呼ばれるものが多い。その数は五六種。日本産陸生哺乳類の半数を超す五〇・九パーセントに達する。これに対しイギリスはゼロなのである。さらに日本の哺乳類相は変化に富んでいるというのも特徴だろう。

この動物たちは、日本列島内で進化して誕生したものではなく、すべて大陸からの移住者である。大陸の動物たちがおもに朝鮮半島をへて渡来し、列島が島化したことで大陸から隔離・保存されたのである。日本固有の、今では絶滅してしまったニホンオオカミ、絶滅の危機にあるニホンカワウソやイリオモテヤマネコといった動物たちのルーツも中国大陸にあると考えている。近年、中国では多量の哺乳類化石が発掘されているが、いつの日か、この動物たちの痕跡がその中から見つかるのではないかと期待している。

本書が「図説　中国文化百華」の一冊として刊行できたのは、ひとえに「文化百華」編集室廣岡純室長、井川宏三編集長、上木早苗氏の情熱のおかげである。特に、動物のみならず自然全般にわたって博識な伊藤研氏には、並々ならぬご協力を仰いだ。皆様方のご協力なくして本書はとうてい生まれなかった。ここで心から御礼申し上げる次第である

■参考文献

『The Mammals of the Palaearctic Region: a taxonomic review』1978 G. B. Corbet. British Museum (Natural History). Cornell University Press
『中国の動物地理』1981 中国科学院《中国自然地理》編集委員会編、朝日稔・三浦慎悟・森美保子・権藤眞禎 訳、日中出版
『家畜と人間』1981 野沢謙・西田隆雄 著、出光科学叢書 18、出光書店
『オコジョ――高山の可愛い暴れん坊――』1986 今泉忠明 著、自由国民社
『ヒグマとツキノワグマ――ソ連極東南部における比較生態学的研究――』1987 G. F. ブロムレイ 著、藤巻裕蔵・新妻昭夫 訳、思索社
『世界動物大百科（The Encyclopedia of Animals）』1987 平凡社
『野生のパンダ』1989 G. B. シャラー・胡錦矗・潘文石・朱靖 著、熊田清子 訳、自然選書 どうぶつ社
『図説 動物文化史事典――人間と家畜の歴史――』1989 J・クラットン=ブロック著、増井久代 訳、原書房
『Grzimek's Encyclopedia of Mammals Vol.I–IV』1990 McGraw-Hill Publishing Company
『分類から進化論へ』1991 今泉吉典 著、平凡社
『野生ネコの百科』1992 今泉忠明 著、データハウス
『サルの百科』1996 杉山幸丸 編、データハウス
『Walker's Mammals of the World』6th Ed. 1999 R. M. Nowak. Johns Hopkins University Press

■図版リスト

『大地と民』1991 海外文化振興協会
『中国古代文明の原像』（上巻・下巻）1998 アジア文化交流協会
『中国博物館総覧』（上巻・下巻）1990 中国博物館総覧刊行委員会
『歴史群像シリーズ44 秦始皇帝』1995 学研
『金龍・金馬と動物国宝展』図録 1987
『紫禁城の女性たち』図録 1999
『中国内蒙古北方騎馬民族文物展』図録 1983
『中国国宝展』図録 平成12年
『大黄河文明の流れ 山東省文物展』図録 1986
雑誌『人民中国』
『世界家畜図鑑』1987 講談社
『世界の牛』1978 養賢堂
『三星堆』2000 陳徳安著 四川人民出版社
『中華人民共和国出土文物展覧』1978
『陝西省博物館』香港通約有限公司
『中国古俑』2001 湖北美術出版社
『画像磚』王明発著 2001 遼寧画報出版社
『旧京大観』1992 人民中国出版社
『中国文物精華』1990 文物出版社
『中国野生哺乳動物』1999 中国林業出版社
『中国珍貴瀕危動物』1996 上海科学技術出版社
『中国珍貴野生動物』中国林業出版社
『中国雲南野生動物』1999 中国林業出版社
『中国地理 自然・経済・人文』鄭平著 1998 五洲伝播出版社

■写真協力

劉世昭（カバー表1）
祁雲（カバー表4ほか）
佐渡多真子（カバー背）
楊振生
楊傑

図説❖中国文化百華
第5巻 しじまに生きる野生動物たち
東アジアの自然の中で

発行日 二〇〇三年四月五日
著者 今泉 忠明
企画・編集・制作 （株）経葉社
企画・発行 （社）農山漁村文化協会
東京都港区赤坂七―六―一
郵便番号一〇七―八六六八
電話番号〇三―三五八五―一一四一［営業］
〇三―三五八五―一一四五［編集］
FAX 〇三―三五八九―一三八七
振替 〇〇一二〇―三―一四四四七八
印刷／製本 （株）東京印書館
ISBN4-540-02174-5
〈検印廃止〉
定価はカバーに表示

農文協・図書案内

中国史のなかの日本像
王勇著
神仙境・西学の師・鬼子…中国における日本観の変遷を古代から現代へとたどり、両国の未来を展望。
1950円

奈良・平安期の日中文化交流
王勇・久保木秀夫編
東アジア文化圏、日本文化の形成過程を歴史的にたどる〝ブックロード〟の研究を集成。
4800円

江戸・明治期の日中文化交流
浙江大学日本文化研究所編
清朝末期の文化交流をさまざまな角度から検証し、中日両国の平和友好を模索したシンポの記録。
4200円

日本近代思想のアジア的意義
卞崇道著
江戸期の近代思想の萌芽から明治啓蒙思想・マルクス主義にいたるまでをアジアの視点から検証。
2100円

東洋的環境思想の現代的意義
農文協編
自然と調和し、持続的発展をめざした東洋の英知を未来に生かす杭州大学国際シンポの記録。
2100円

中国盆景の世界　盆景
丸島秀夫・胡運驊編
日本盆栽の源流、中国盆景の歴史と理論を集大成。中国人の美的境地（意境美）を名作に観る。
2500円

中国盆景の世界　花盆
丸島秀夫・胡運驊編
花盆（盆器）・几架（台）の歴史を集大成。官窯花盆と紫砂花盆の名品160余点をカラーで収録。
2500円

中国盆景の世界　奇石
丸島秀夫・胡運驊編
中国人の意境美（境地）を映す奇石（水石）の歴史と文化を集大成。名奇石130余点を収録解説。
2500円

CD―ROM
中国茶文化大全
熊倉功夫監修
中国茶文化の動画、静止画1000余点を収録したCD―ROMと斯界の専門家による解説書。
9800円

ビデオ
中国の食べものと暮らし1・2
企画制作：中国農業映画制作所・農文協
1は華北編。北京から黄土高原、内モンゴルまで。2は華中編。山東・上海・蘇州・福建まで。
各10500円

（価格は税込。改定の場合もございます。）